신화가
왜 그럴
과학

신화가 왜 그럴 과학

이윤근 지음

천지창조 이래
가장 신묘한 과학책

다른

과학으로 펼치는 신들의 이야기

밤에 보이는 별은 어떻게 하늘에 떠서 반짝이는 걸까요? 하늘을 쪼갤 듯 강렬하게 빛나는 번개는 어디서 갑자기 나타나는 걸까요? 야구공을 하늘 위로 던지면 곧 땅으로 떨어집니다. 야구공을 돌멩이로 바꾼다고 해도 결과가 달라지지는 않습니다.

전기가 없던 시대의 밤에는 불타지 않으면서 빛을 내는 물체가 없었습니다. 그런데 별은 높은 곳에서 떨어지지 않고, 불타듯이 바르르 반짝입니다. 오래전 사람들에게 별은 아름다우면서도 이해하기 힘든 존재였습니다.

고대 그리스 사람들은 별들을 선으로 이어 온갖 신과 동물과 물건의 형상을 찾아냈습니다. 그리고 하늘을 천상계의 신이 깃든 곳이라 여겼습니다. 예를 들어 구름 사이로 번쩍이는 번개는 최고신 제우스가 진노했을 때 사용하는 무기라 생각했습니다. 제우스의 작은아버지뻘인 외눈박이 거인 키클롭스가 선물로 주어 제우스가 사용할 수 있게 되었다는 그럴듯한 내력까지 붙었습니다. 이렇듯 옛사람들은 신의 이야기를 빌려 이해되지 않는 자연현상을 설명하려 했습니다.

과학이 발달한 덕에 이제 우리는 별과 번개가 어떻게 생겨나는지 알고 있습니다. 아주 멀리 있는 고온의 가스 덩어리인 별은 수소 핵융합 반응으로 열과 빛을 뿜어내는 천체입니다. 번개는 공중에서 서로 반대되는 전기를 띤 입자들이 부딪혀서 순간적으로 일어나는 큰 방전이고요. 이야기가 가득한 신화에 비해 건조하고 딱딱한 느낌이 드는 설명이긴 합니다. 그러나 '넓은 우주에서 수소는 어떻게 모이게 되었을까?', '핵융합 반응이 일어나면 왜 열과 빛이 날까?', '전기를 띤 입자는 어디에 있을까?' 등과 같은 의문을 품고 탐구해 가면 흥미롭고 신비한 세계를 마주하게 됩니다. 과학의 재미이지요.

신화가 이해할 수 없는 세계에 건네는 하나의 손길이었다면, 과학은 본질을 드러내지 않는 실체를 마주하는 방법입니다. 신화와 과학 둘 다 풍부한 상상력을 머금고 있습니다. 영생을 사는 신들의 희로애락과 감춰진 세계의 본질을 들여다보는 시선이니까요.

상상력 가득한 신화와 과학을 엮어 흥미로운 새 이야기

를 펼치려 합니다. 무게는 과학에 두었습니다. 이제는 신화보다 과학이 세계의 실체를 더 잘 드러낸다는 것이 밝혀졌으니까요. 재미난 이야기로 이루어진 신화와 앎의 즐거움을 주는 과학의 만남을 편안한 마음으로 즐겨 주시길 바랍니다. 그 과정에서 자연스레 신화적 상상력이 몸을 돌고, 과학적 사고가 몸에 밸 거예요. 책을 읽으며 둥그런 알의 아름다움을 보고, 전자로 손 맞잡은 원자를 그려 내고, 그물망처럼 이어진 생명을 느낀다면 더없이 기쁠 겁니다.

　이 책은 모두 6개의 장으로 이루어져 있습니다. 각 장은 프로메테우스와 주몽의 이야기처럼 우리에게 친숙한 신화로 시작합니다. 그리고 각각의 신화와 관련된 과학 이야기가 이어집니다. 중요한 과학 개념이나 생소한 용어에는 '요모조모'라는 각주를 달아 이해를 도왔습니다. 장마다 마지막에 나오는 '왜 그럴 과학?'에서는 앞에서 살펴본 내용과 관련해 독자가 궁금해할 만한 이야기를 다루었습니다.

　이제부터 신화를 하나씩 살펴보려 합니다. 그리고 그 속에서 과학을 끌어내 한 걸음 더 들어가려 합니다. 책을 읽으며 상상력 가득한 신화와 경이로운 과학의 세계를 함께 느껴 보시기 바랍니다.

차례

세 번째 이야기

금 손으로 금을 만들어 볼까   059
미다스 × 원소와 원자

미다스 님, 손 좀 빌려주세요　　수헬리베붕탄질산

원소 왕국의 지도　　화학은 껍질을 들여다보는 거라고?

지폐는 사실 종잇조각인 것이여　　금쪽 같은 나의 금

내가 바로 미다스, 금 나와라 뚝딱!　　내 안에 별 있다?

현대판 연금술사, 입자 가속기

왜 그럴 과학 　전자는 어떻게 운동하나요?　　　　　084

불 도적이
쏘아 올린 공

✦

프로메테우스

×

창조론과 진화론

티탄 신족과의 전쟁에서 승리한 제우스. 어느 날 열두 티탄 신족 중 이아페토스의 아들인 프로메테우스를 불러 말했다.

"아래로는 뭇짐승들을 다스리고 위로는 우리 신을 섬길 인간을 만들도록 하여라."

프로메테우스는 질 좋은 진흙을 구했다. 거기다 물을 붓고 반죽하여 신들의 형상과 비슷하게 인간을 빚었다. 다른 동물은 모두 고개를 숙여 땅을 내려다보는데 인간만은 고개를 들어 하늘의 별을 바라볼 수 있게 했다. 프로메테우스는 인간에게 더 뛰어난 능력을 주려 했다. 그때 인간과 동물에게 여러 가지 능력을 부여하는 임무를 맡은 에피메테우스가 말했다.

"빨리 달리는 능력은 사자에게, 힘은 코끼리에게, 날카로운 발톱은 독수리에게, 단단한 껍질은 거북에게 주어 인간에게 줄 만한 것이 남지 않습니다."

프로메테우스는 인간에게 훌륭한 선물을 주어야겠다는 생각으로 제우스의 벼락에서 불씨를 훔쳐 속이 빈 회양목 가지 안에 넣은 후 인간에게 전해 주었다. 이 선물 덕분에 인간은 음식을 익혀 먹을 수 있었고, 사냥용 무기와 농사짓는 도구를 만들 수 있었다. 또 추운 날 집을 덥힐 수 있었고, 화폐도 만들 수 있었다. 인간은 다른 동물이 감히 넘보지 못하는 존재가 된 것이다.

프로메테우스가 자신의 벼락에서 불을 훔쳐 간 사실을 알게 된 제우스는 크게 분노하였다. 제우스는 힘의 신에게 코카서스의 바위산 절벽에다 프로메테우스를 묶으라 명령하였다. 그리고 독수리에게 프로메테우스의 간을 쪼아 먹게 하였다. 독수리가 쪼아 먹고 나면 간은 새로 돋아났고, 그러면 독수리는 다시 간을 쪼았다. 신은 죽지 않기에 프로메테우스는 죽지도 못한 채 이 고통스러운 형벌을 영원히 거듭 받았다.

나는 초파리의 신이다!

일요일 아침, 잠에서 깼는데 집이 고요합니다. 배고픔이 배에서 '소리 없는 아우성'을 치기에 냉장고를 뒤적여 포도를 꺼냈어요. 맛 좋고 알 굵은 거봉! 냠냠 배를 달랜 후 다시 이불을 덮습니다. 이불 속이 바로 무릉포도원!

얼마 후 밖에 나갔다 돌아온 엄마의 잔소리가 들립니다. "내가 남은 음식물 잘 처리하라고 했어, 안 했어? 네 눈으로 어떻게 되었는지 똑똑히 봐라." 엄마가 내민 포도 껍질 위에서 초파리가 한창 파티 중이었어요. 비보이 초파리도 두 마리 보입니다. 아니, 분명 전에는 없던 초파리가 어디서 갑자기 나타난 걸까요? 저는 감격에 젖어 외쳤어요. "내가, 이 내가 생명을 창조했도다. 나는 초파리의 신이다!" 그러자 "으이구 이 초파리보다 못한…"이라는 소리와 함께 등에 홧홧한 느낌이 듭니다. 절대 아파서 우는 게 아니에요. 등을 찰싹 때리는 엄마의 힘이 예전 같지 않았기에, 엄마의 나이가 느껴져 눈물이 아주 찔끔 났을 뿐이에요.

그런데 정말 궁금하긴 해요. 이전에 안 보이던 초파리가 갑자기 나타났잖아요. 그러고 보면 냉장고 안에서도 곰팡이가 피기도 하더군요. 그렇다면 생명체는 저절로 탄생하기도 하는 것 아닐까요? 우리 주변의 생명은 어떻게 생겨나는 걸까요?

쥐를 만드는 방법 1.0

생명은 저절로 생길까요? 아니면 누군가가 만들어 낸 걸까요? 과거에는 어떻게 생각했을까요? 옛날 사람들은 부모 없이도 환경만 맞으면 생물이 자연적으로 생긴다는 자연발생설을 믿었어요. 관찰과 실험을 중시한 고대 그리스의 철학자 아리스토텔레스는 벼룩은 먼지에서, 구더기는 썩은 고기에서, 장어는 진흙에서 저절로 발생한다고 보았어요. 관찰의 결과가 그러했다는 이유로요. 이처럼 그는 생물이 과거 언젠가 자연적으로 발생해, 그 모습 그대로 지금까지 이어져 왔다고 주장했어요. 대철학자가 진짜 이렇게 어처구니없는 주장을 했냐고요? 오늘날 우리는 초파리가 생기고, 곰팡이가 피는 과정을 알고 있어요. 옛날에 비해 풍부한 과학 지식을 배웠기 때문이지요. 하지만 옛날에는 결론짓기 매우 어려운 문제였어요.

17세기 벨기에의 화학자 얀 밥티스타 판 헬몬트는 땀과 밀가루로 더러워진 셔츠를 기름과 우유로 적신 뒤 항아리에 넣어 창고에 방치했습니다. 생명이 자연히 발생하는지 확인하려 한 거지요. 며칠 뒤 찾아가 보니 쥐가 발견되었어요. 이를 근거로 그는 자연발생설이 옳다고 믿었습니다. 참 허술한 실험이죠? 쥐가 창고 밖에서 들어왔을 수도 있잖아요. 이처럼 지금의 우리가 보기엔 조금 황당하지만 자연발생설은 근대까지도 많이 믿는 이론이었어요.

물론 자연발생설을 부정하는 실험도 이루어졌어요. 1665년 이탈리아의 의사 프란체스코 레디는 고기를 넣은 2개의 병을 준비했어요. 어떤 병은 그대로 방치하고, 어떤 병은 천으로 덮어 막았지요. 그냥 놔둔 병에는 파리가 생겼지만, 천을 덮은 병은 그렇지 않았어요. 이 결과를 보고 레디는 입구가 막힌 병에는 파리가 들어가지 못해서 그 병에는 알을 낳을 수 없던 것이라고 생각했어요. 즉 파리는 저절로 생기지 않는다는 것을 증명했지요. 그런데 예상하지 못한 문제가 있었어요. 그대로 방치한 병뿐만 아니라 천으로 덮은 병에서도 기생충은 나

타났거든요. 고기에 본래부터 기생충의 알이 있었던 건데, 그
때는 알 수 없었지요. 그래서 레디는 생각했어요. '파리는 자
연적으로 발생하지 않으나 기생충처럼 작은 생물은 자연적으
로 발생한다!'라고요. 잘못된 결론을 내린 거지요.

요구르트 할아버지의 기막힌 실험

이처럼 '생물이 저절로 생길 수 있다'와 '그럴 수 없다'로 여러
학자들이 치열하게 논쟁했어요. 논쟁에 마침표를 찍은 사람은
오늘날 요구르트 이름으로 유명한 루이 파스퇴르*입니다. 그
의 간단하고도 명쾌한 실험이 사실을 명백히 밝혀냈지요. 그
실험을 간단하게 소개하겠습니다.

① 플라스크에 고깃국을 넣은 뒤 플라스크 입구의 주둥이를 가열해
   S 자로 구부린다.
② 고깃국이 든 플라스크를 가열해 고깃국을 살균한다.
③ S 자로 휜 주둥이에 수증기가 맺히면서 고인 물 때문에 외부의
   미생물이 플라스크 안으로 들어가지 못한다.
④ 고깃국에 미생물이 번식하는지 관찰한다.
⑤ 구부러진 주둥이를 제거한 후 미생물이 번식하는지 관찰한다.

이 실험은 플라스크의 주둥이를 백조의 목처럼 S 자로 만들었기 때문에 '백조목 플라스크 실험'이라고도 불려요. 그런데 외부에서 들어오는 생명체를 차단하기 위해서라면 왜 번거롭게 플라스크 주둥이를 백조의 목 모양으로 만든 걸까요? 그냥 고깃국이 든 플라스크를 단단한 뚜껑으로 꽉 닫으면

가열 → 살균된 고깃국 → 수증기가 고여 미생물이 들어오지 못함 → 미생물 없음

공기에 떠다니는 포자 유입

가열 → 플라스크 목을 떼어 냄 → 미생물 폭발

백조목 플라스크 실험

요 모 조 모

★ 루이 파스퇴르는 프랑스의 화학자이자 생물학자예요. 질병과 미생물의 연관 관계를 밝혀냈기에 '세균학의 아버지'로 불려요. 그가 개발한 저온 살균 공법은 오늘날 술이나 우유를 만들 때 사용되고 있습니다.

불 도적이 쏘아 올린 공

더 간편하면서도 확실하게 차단될 텐데요. 자연발생설을 믿는 사람들은 생명이 자연적으로 발생하기 위해서는 생명의 기운이 통해야 한다고 주장했어요. 뚜껑으로 막은 플라스크 속 고깃국에서 생명이 발생하지 않은 결과가 나오더라도 자연발생설이 잘못된 것이 아니라고 생각했죠. 생명의 기운이 차단당해 생명이 나타날 수 없었다고 믿었으니까요. 그래서 이 같은 장치가 필요했던 거예요.

실험 결과는 어떻게 나왔을까요? 주둥이가 S 자로 구부러진 플라스크에서는 **미생물***이 나타나지 않았어요. 플라스크 속 고깃국에 본래 있던 미생물은 뜨거운 열로 죽었고, 외부의 미생물은 구부러진 주둥이에 고여 있는 물 때문에 들어올 수 없었기 때문이죠. 나중에 구부러진 주둥이를 제거했더니 시간이 지나면서 고깃국에 미생물이 들끓었어요. 외부의 미생물이 들어온 결과라고 판단할 수밖에 없겠죠? 파스퇴르가 1861년에 했던 이 실험이 자연발생설을 철저하게 반박했기에 자연발생설은 역사의 뒤안길로 사라져요. 요구르트 할아버지

♠ 미생물은 현미경으로나 볼 수 있는 매우 작은 생물을 말해요. 세균, 곰팡이류가 대표적인데, 바이러스를 포함하기도 해요.

도 아인슈타인만큼 대단한 할아버지군요!

신들의 전쟁, 티타노마키아

지금까지 생물은 자연적으로 발생하지 않는다고 했어요. 우리가 보는 독수리, 거북, 초파리, 곰팡이 등이 지금의 모습으로 갑자기 생겨날 수 없다는 말이죠. 모든 생명체는 그냥 생기지 않고 반드시 누군가가 낳아야 해요. 그런데 해결되지 않은 문제가 하나 있습니다. 뭐냐고요? 그럼 최초의 독수리, 거북은 어떻게 생겨났을까요? 부모가 낳았다면 최초가 아니니 답이 쉽지 않아 보입니다.

신화는 이 문제를 어렵지 않게 해결합니다. 신이 만들었다고 하면 그만이거든요. 프로메테우스 신화에 이와 관련된 이야기가 나옵니다. 프로메테우스 신화는 우리를 숙연하게도 합니다. 인간을 창조하고, 인간을 너무 사랑한 프로메테우스! 인간을 위하는 마음 때문에 최고신 제우스와 갈등을 빚어 영원토록 고통스러운 형벌을 받았습니다. 이 이야기를 더 잘 이해할 수 있도록 배경을 간략하게 설명할게요.

그리스 신화 속 프로메테우스와 에피메테우스는 티탄족 이아페토스의 아들이자 형제예요. 거인을 뜻하는 영어 단어

'타이탄titan'은 이 신족의 이름으로부터 생겨난 말이에요. 티탄족은 거대하고 강력한 거인족이거든요. 그리스 신화에서 티탄족은 제우스, 헤라, 아폴론 같은 올림포스 신들 이전에 세상을 지배했습니다.

태초의 신 우라노스와 가이아 부부는 열두 자녀를 비롯해 팔이 100개 달린 헤카톤케이레스, 외눈박이 거인 키클롭스를 낳아요. 그런데 남편 우라노스는 흉측한 외모와 강력한 힘을 지닌 헤카톤케이레스와 키클롭스를 싫어하고 두려워합니다. 그래서 지하 깊숙한 곳인 타르타로스에 가둬 버려요. 그래도 자기 자식인데 너무했네요. 인간보다 못한 신이군요.

물론 가이아가 대지의 신이기에 엄마의 뱃속에 가두었다고 해석하기도 해요. 어쨌든 가이아는 고통스러워하고 슬퍼합니다. 그래서 가이아는 우라노스에게 복수하기로 마음먹습니다. 열두 자녀 중 막내인 크로노스가 엄마 가이아를 도와 낫으로 우라노스를 공격해 복수에 성공하지요. 우라노스에게 문제가 있지만 그래도 아빠인데 낫을 휘두르다니, 확실히 신의 이야기는 평범과는 거리가 머네요.

우라노스를 몰아낸 크로노스는 신들의 지배자가 됩니다. 그런데 크로노스 또한 자신의 형제인 헤카톤케이레스와 키클롭스를 타르타로스에서 풀어 주지 않아 가이아를 화나게 만듭니다. 가이아는 크로노스 또한 자식에게 쫓겨날 것이라며 저주합니다. 크로노스는 그 말이 마음에 걸려 자신의 아이들이 태어나는 족족 집어삼켜 자신의 뱃속에 가둡니다. 신화가 본래 상상력이 풍부한 이야기이긴 하지만 이 장면은 특히 더 기괴하게 들리네요. 그래서인지 이 상황을 많은 화가가 그림으로 남겼어요.

다섯의 자녀가 남편의 입속에 들어가는 것을 본 크로노스의 아내 레아는 남편을 속여 여섯째인 제우스를 빼돌리는 데 성공합니다. 장성한 제우스는 아버지 뱃속에 갇힌 형제들을 구출해 형제들과 함께 아버지와 싸우게 됩니다. 이때 티탄족이 같은 일족인 크로노스를 도왔기에 큰 규모의 전쟁이 됩니다. 양쪽 다 불사의 신이라 쉽게 결판이 나지 않아 전쟁은 10년 이상 지속되지요. 티탄족과의 전쟁이라는 뜻에서 이 전쟁을 '티타노마키아'라 부릅니다.

티타노마키아에서 제우스는 헤카톤케이레스와 키클롭스의 도움으로 전세를 뒤집고, 결국엔 승리해 올림포스의 지배자가 됩니다. 패배한 티탄족은 지하 감옥 타르타로스에 갇히고, 긴 전쟁은 막을 내립니다.

그런데 프로메테우스와 에피메테우스는 티탄족인데 어떻게 지하 감옥에 갇히지 않았을까요? 그것은 프로메테우스

벨기에의 화가 얀 코시에르가 그린 〈불을 훔치는 프로메테우스〉(1637년)

의 예지력 덕분입니다. 프로pro는 '먼저, 앞'이라는 의미가, 에피epi는 '뒤'라는 의미가 있습니다. 프롤로그, 에필로그가 이 의미를 활용한 말이지요. 이름처럼 프로메테우스는 미래를 아는 능력을 지닌 신이고, **에피메테우스**는 일을 저지르고 뒤늦게 후회하는 사고뭉치 같은 신입니다. 예지력이 있는 프로메테우스는 티타노마키아에서 더 유리해 보이는 티탄족이 결국에는 패배할 것임을 알고, 동생 에피메테우스와 함께 제우스 편에 섰기에 무사할 수 있었습니다.

★ 에피메테우스는 그리스 신화 속 판도라의 남편입니다. 프로메테우스가 제우스를 경계하라고 주의를 주지만 에피메테우스는 '뒤늦게 깨닫는' 자신의 정체성에 걸맞게 제우스가 보낸 판도라를 바로 아내로 맞이합니다. 에피메테우스의 집에는 상자가 하나 있었습니다. 호기심을 느낀 판도라가 뚜껑을 열어 인간 세상에 온갖 해악이 퍼지게 되었다고 해서, 훗날 '판도라의 상자'로 부르는 그 상자예요. 그런데 이것은 원래 에피메테우스의 집에 있던 상자이니, '에피메테우스의 상자'로 부르는 게 더 타당해 보이기도 하네요.

자연발생설, 창조론, 진화론

제우스는 티탄족임에도 자신의 편에 선 프로메테우스와 에피메테우스의 능력을 높이 사 중요한 임무를 맡깁니다. 프로메테우스는 신의 형상을 본떠 진흙으로 인간을 창조하고, 에피메테우스는 인간과 동물에게 여러 능력을 선물로 나눠 주는 역할을 맡습니다. 이로써 세상에 인간이 나타났고, 독수리는 날카로운 발톱, 거북은 딱딱한 껍질을 타고나는 식으로 각각의 동물종은 고유한 특색을 지니게 됩니다. 이처럼 프로메테우스의 이야기는 신이 생물을 창조해 오늘날과 같은 모습으로 존재하게 되었다고 말합니다. 문제가 쉽게 해결된 듯하지만, '신은 실제로 존재하는가'라는 또 다른 질문을 낳기에 여전히 문제가 남습니다. 정말 우리 주변엔 어떻게 이렇게 각양각색의 생물이 존재하는 걸까요?

지금까지 '생명은 한순간에 저절로 생겨난 것이다'와 '생명은 신이라는 제작자가 만든 것이다'라는 주장을 알아보았어요. 또 다른 가설이 있습니다. '모든 생명은 공통의 조상으로부터 기원한 뒤 나뭇가지처럼 갈라져 진화해 왔다'라는 주장입니다. 바로 진화론입니다. 우리는 진화론 하면 가장 유명한 사람을 알고 있습니다. 바로 찰스 다윈이지요. 다윈의 생각은 오랜 검증을 거쳐 오늘날 정설로 인정받고 있습니다.

다윈은 하나의 생물종에 변화가 축적되면서 본래의 종*
과 교배할 수 없는 새로운 종이 나타난다고 생각했어요. 긴 시
간 속에서 **자연선택**** 과정을 거쳐 공통의 조상에서 여러 종
으로 나뉜다는 거지요. 생물은 과거의 한 시점에서 자연적으
로 생겨나 그때 그 모습 그대로 고정불변한 채 살아간다고 본
아리스토텔레스와는 거리가 먼 생각입니다.

다윈은 거북과 독수리가 어느 날 갑자기 번쩍하고 나타
난 것도 아니고, 프로메테우스와 에피메테우스 같은 신이 흙
으로 빚은 후 다듬어 낸 것도 아니라고 했습니다. 생물은 오랜
조상으로부터 진화했다고 주장했습니다. 다윈은 진화론을 소
개한 책 『종의 기원』을 이렇게 마무리했습니다.

요 모 조 모
───────────────────────────────

* 종은 생물을 분류하는 기본 단위로, 생식 능력을 통해 자손을 낳는 개체들의 집단
을 말해요. 개와 고양이는 교배해 자손을 낳을 수 없으니 둘은 서로 다른 종이에
요. 황인종, 흑인종은 혼인해 자녀를 낳을 수 있으니 생물학적으로 같은 종이지요.
현재 지구에 사는 인간은 국가, 민족, 피부색 등이 다르다 해도 모두 호모 사피엔
스라는 하나의 종에 속합니다.

** 자연선택은 환경에 가장 잘 적응한 것이 생존과 번식에 유리하기 때문에 더 많은
자손을 남기면서 진화하게 된다는 이론이에요.

처음에 몇몇 또는 하나의 형태로 숨결이 불어넣어진 생명이, 불변의 중력 법칙에 따라 이 행성이 회전하는 동안, 그토록 단순한 시작에서 가장 아름답고 경이로우며 무한한 형태로 전개되어 왔고, 지금도 전개되고 있다는, 생명에 대한 이런 시각에는 장엄함이 깃들어 있다.

진화론, 신화만큼이나 흥미진진하지 않나요?

사망하기 1년 전인 1881년 다윈의 모습

불 도적이 쏘아 올린 공

진화의 증거가 있나요?

진화론은 무수히 많은 증거로 뒷받침되고, 수많은 반박을 거치면서 그 옳음을 증명했습니다. 그렇기에 생물종이 자연적으로 발생했다는 자연발생설, 신적 존재가 창조했다는 창조설과는 달리 과학 이론으로 인정받고 있지요. 진화론의 증거에는 무엇이 있을까요?

첫째, 화석입니다. 만들어진 시기가 다른 화석 속 생물의 모습에서 생물의 변화 양상을 살필 수 있습니다. 지층은 한 지점에서 더 깊은 곳에 있을수록 더 먼 과거에 형성된 겁니다. 오늘날 존재하는 생물종은 오래된 지층의 화석과는 매우 다르고, 최근에 형성된 지층의 화석과는 많이 닮았습니다. 생물이 진화한다면 너무도 당연한 현상이지요.

    한 종이 다른 종으로 점진적으로 진화했다면 두 종의 특성을 모두 가진 생물이 존재했을 겁니다. 그리고 그 생물의 화석은 진화의 강력한 증거가 되죠. 2004년 미국의 고생물학자 닐 슈빈은 특이한 생물의 화석을 발견했고, 틱타알릭이라는 이름을 붙였습니다. 틱타알릭은 어류처럼 아가미, 비늘, 지느러미가 있습니다. 그런데 양서류처럼 납작한 머리, 목, 갈비뼈가 있습니다. 목이 있기에 머리를 들 수 있었을 겁니다. 얕은 물에 살면서 지느러미가 다리 역할을 해 땅 위를 걸어 다녔을 것으로 추측됩니다. 납작한 머리가 달린 목을 들고 땅을 기어다니는 참치를 한번 떠올려 보세요. 틱타알릭이 얼마나 기이한 존재인지 알 수 있죠? 틱타알릭은 양서류의 조상이 어류에서 유래했

틱타알릭의 모습을 상상한 그림

음을 밝혀 주는 결정적인 증거입니다. 또 파충류와 조류의 특징이 모두 있는 시조새 화석도 발견되었습니다. 이 외에도 수많은 화석이 진화를 뒷받침해요.

둘째, 모든 생명체가 가진 생화학적 공통점입니다. 지구상 모든 생명체의 유전자는 동일한 언어로 쓰여 있습니다. 바로 네 종류의 염기로 구성된 이중나선 구조의 DNA입니다. DNA가 현재 세대의 특성을 다음 세대로 전하는 유전 물질로 기능할 뿐만 아니라 DNA의 정보가 단백질로 번역되는 방식이 거의 동일합니다. 네 종류의 염기인 아데닌A, 티민T, 시토신C, 구아닌G의 배열 순서를 염기 서열이라 하는데, 진화의 역사에서 가까웠던 종일수록 이 염기 서열이 유사합니다. 인간과 침팬지는 98퍼센트 이상의 유사성을 보입니다. 인간과 쥐는 90퍼센트, 인간과 바나나는 50퍼센트 정도로 DNA가 일치합니다. 비교적 가까운 시기에 공통 조상에서 인간과 침팬지로 갈라졌고, 동물과 식물의 공통 조상 또한 존재한다는 것을 짐작할 수 있습니다.

셋째, 나쁜 설계입니다. 절대자인 신이 생물을 설계했다면 그 모습은 완벽해야 할 겁니다. 종종 어린아이들이 떡이나 알사탕 같은 것을 먹다 목에 걸리는 일이 있습니다. 그럴 때는 음식물로 기도가 막혀 숨을 쉬지 못하게 되지요. 숨을 쉬는 기도와 음식을 삼키는 식도가 만나게 되어 있어서 일어나는 일입니다. 인간의 생존을 위협하는 나쁜 설계죠. 이는 어류에서 양서류로 진화하는 과정에서 물 밖에서 숨을 쉬게끔 기도의 자리가 식도와 교차하도록 형성되었기 때문입니다.

생물에게는 생존에 좋지 않거나 비효율적인 구조가 아주 많습니다. 전지전능한 신이 굳이 나쁜 설계를 할 리가 없겠지요. 나쁜 설계는 신적 존재의 생물 설계설을 반박하는 증거가 됩니다. 진화는 완벽과는 거리가 있습니다. 진화는 조상으로부터 물려받은 형질을 약간씩 고쳐 쓸 뿐입니다. 이것에 대해 프랑스의 생물학자 프랑수아 자코브는 서툰 땜장이가 일하는 것처럼 진화가 일어난다고 말했습니다. 그렇기에 진화론은 창조론과 달리 나쁜 설계를 잘 설명할 수 있습니다.

이 외에도 용어가 조금 어렵지만 흔적기관·상동기관·상사기관의 존재, 인위선택, 생물 분류법 등은 모두 진화의 증거입니다. 이렇게 진화의 증거가 많은데도 진화론이 과학적으로 증명되지 않았다는 주장은 적절하지 못합니다. 많은 증거로 뒷받침되고, 많은 반박을 내쳤기에 '진화 가설'이 아닌 '진화 이론'이라는 이름을 얻은 거니까요.

두 번째 이야기

왕은 알에서 나오려고 투쟁한다

주몽

×

알과 중력

북부여의 왕 해부루가 세상을 떠나자 아들 금와가 왕위를 이어 받았다. 어느 날, 금와는 태백산 남쪽을 돌아보다 우발수에서 한 여자를 발견하고는 누구인지 물었다. 여자가 답했다.

"나는 하백의 딸로 이름은 유화인데, 여러 아우들과 노닐고 있을 때 한 남자가 나타나 자기는 천제의 아들 해모수라고 하면서 나를 웅신산 밑 압록강 어귀에 있는 집 속으로 꾀어 남몰래 정을 통해 놓고 가서는 돌아오지 않았습니다. 그래서 우리 부모는 내가 중매도 없이 혼인한 것을 꾸짖어 마침내 이곳으로 귀양을 보낸 것입니다."

금와는 유화를 궁으로 데려와 머물게 하였다. 그런데 이상하게 도 햇빛이 유화를 쫓아다니며 비추는 일이 계속되었다. 금와는 유화를 방에 가두었는데 유화가 몸을 피하자 햇빛이 따라와 또 비추었다. 그로부터 태기가 있더니 알 하나를 낳았는데, 크기가 닷 되들이만 했다.

이를 불길하게 여긴 왕은 알을 돼지우리에 버렸으나 돼지들은 알을 먹지 않았다. 그래서 길에 내다 버리게 했더니, 소와 말이 모두 그 알을 피해서 지나갔다. 또 들에 내다 버리니, 새와 짐승이 오히려 덮어 주었다. 이에 왕이 알을 쪼개 보려고 하였으나 깨뜨릴 수가 없어 마침내 유화에게 다시 돌려주었다. 유화가 알을 물건으로 싸서 따뜻한 곳에 두었더니, 한 아이가 껍데기를 깨고 나왔는데, 골격과 외양이 영특하고 기이하였다.

　아이는 나이 겨우 일곱 살에 기골이 준수하니 보통 사람과 달랐다. 스스로 활과 화살을 만들어 쏘는데, 백 번 쏘면 백 번 다 적중하였다. 그 나라의 풍속에 활을 잘 쏘는 사람을 주몽이라 하였기에 주몽으로 불렸다.

개구리 닮으면 금와, 활 잘 쏘면 주몽

올림픽 금메달 따기보다 우리나라 전국체전 1위가 더 힘들다는 스포츠 종목이 있다면 믿어지나요? 짐작되죠? 네, 바로 양궁입니다. 실제로 막 올림픽 금메달리스트가 된 선수가 국내 대회의 예선에서 탈락하는 일이 흔합니다. 2024 파리 올림픽에서 양궁 종목에 배정된 금메달은 모두 5개. 우리나라가 5개를 모두 차지했지요. 게다가 여자 양궁 단체전은 무려 올림픽 10연패라는 경이로운 기록을 달성했고요.

2024 파리 올림픽 기간 중 한 외국인이 쓴 글이 화제가 되기도 했어요. "올림픽 양궁은 4년마다 전 세계 선수가 모여 화살을 쏘고 한국에 금메달을 주는 놀랍고 훌륭한 전통 행사"라고요. 외국인이 이렇게 말할 정도로 오랜 기간 우리나라 양

궁 선수들은 출중한 기량을 선보였습니다. 올림픽에서 양궁 경기를 볼 때면 주몽 신화가 떠오르곤 합니다. 전 세계 양궁계를 선도하는 나라가 된 것은 우리가 주몽의 후손이기 때문일까요?

부여의 왕 해부루는 오랫동안 아들이 없어서, 산천에 제사를 지냈어요. 어느 날 자신의 말이 큰 돌을 보며 눈물을 흘리길래, 그 돌을 들추게 합니다. 거기서 금빛 개구리처럼 생긴 조그만 아이를 발견해 자신의 아들로 삼습니다. 그리고 '금와'라 이름을 지어 줬어요. 한자로 쇠 금金 자에 개구리 와蛙 자를 썼죠. 거침없이 직진하는 작명 스타일이네요. 인생의 쓴맛을 미리 보여 주려 한 걸까요? 조그만 아이에게 개구리 닮았다고 이름을 '금개구리'라고 짓다니요!

이 금개구리 소년은 훗날 왕이 되었습니다. 금와왕입니다. 금와왕은 어느 날 길을 가다가 유화라는 여인과 만납니다. 강의 신 하백의 딸인 유화는 하늘의 아들 해모수와 정을 통했기에 부모로부터 쫓겨난 상황이었습니다. 임신한 유화는 큰 알을 낳습니다. 사람이 알을 낳다니! 이게 말이 되냐고요? 신의 아들을 잉태했으니 이 정도의 기이함은 보여 줘야겠지요.

금와왕은 불길한 징조라면서 유화가 낳은 알을 버립니다. 자기도 개구리처럼 태어났으면 큰 알에 동질감을 느낄 법

고구려의 고분벽화 〈무용총 수렵도〉에는 고구려 무사가
말에 탄 채 활을 쏘며 사냥하는 모습이 그려져 있다.

도 한데, 유화가 낳은 알을 돼지에게 줍니다. 사실은 얼굴이 아니라 공감 능력이 개구리를 닮았던 걸까요? 그런데 또 신비한 일이 벌어집니다. 알은 단백질이 풍부한 건강식이라 많은 동물이 좋아하는데도, 동물들은 이 알을 먹지 않고, 심지어 품어 주기까지 합니다. 불 좀 훔쳤다고 영원히 고통받는 형벌을 내린 속 좁은 그리스의 신보다 동물들의 포용력이 더 넓군요. 결국 유화가 알을 따뜻하게 해준 후 태어난 아이가 바로 주몽입니다. 일곱 살에 활의 달인이 되는 비범함을 보였기에 '주몽'이라 불렸습니다. 그 당시에 활을 잘 쏘는 사람을 '주몽'이라 했거든요.

　금와왕의 원래 아들들은 모든 면에서 뛰어난 주몽을 질투한 나머지 죽이려 했습니다. 유화는 주몽에게 탈출하라고 했죠. 과연 주몽은 무사히 탈출했을까요? 병사들에게 쫓기던 주몽은 길이 강에 가로막혀 위기를 맞습니다. 이때 주몽은 물에 대고 말합니다. "나는 천제의 아들이요 하백의 외손이다. 추격자가 다가오니 어찌하면 좋은가?" 그러자 물고기와 자라가 다리를 놓아 주어 강을 무사히 건넙니다. 주몽이 건넌 후 물고기와 자라는 흩어져 추격하던 병사들은 그 강을 건널 수 없었고요. 혈통이 좋으니 강도 하이패스로 통과하는군요. 그럼 우리는요? 고귀한 혈통은 물 건너갔으니 튼실한 알통이나 키워 건강해지자고요. 고귀한 핏줄을 바랄 것이 아니라 스스로 고귀해집시다.

강을 건넌 주몽은 터를 잡고 나라를 세웁니다. 그 나라가 바로 고구려지요. 그래서 이 이야기는 고구려의 건국 신화입니다. 신라의 시조 박혁거세도 알에서 태어났습니다. 한 나라를 세우려면 알에서 태어나야 하는 시대였나 보네요. 헤르만 헤세의 『데미안』에는 "새는 알에서 나오려고 투쟁한다"라는 구절이 있습니다. 두 건국 신화를 "왕은 알에서 나오려고 투쟁한다"로 정리하면 될까요? 오늘날 자신이 하늘의 피를 이어받았다거나 신의 계시를 받았다고 주장하는 지도자는 거의 없습니다. 역사의 흐름 속에서 사람들의 의식이 많이 달라졌으니까요.

알, 훌륭한 인큐베이터

이 신화를 읽으면 이런 의문도 듭니다. '알을 낳는 동물들은 왜 바로 새끼를 낳지 않지? 새끼를 바로 낳는 것이 더 좋지 않나?' 하는 생각이요. 그런데 여기에는 우리의 착각이 있습니다. 동물들 대부분은 새끼가 아니라 알을 낳으니까요. 어류, 양서류, 파충류, 조류, 곤충은 거의 알을 낳습니다. 오히려 알 없이 새끼를 낳는 포유류가 유별납니다. 우선 알에 대해 더 알아보겠습니다. 알은 무엇이고, 많은 동물은 왜 알을 낳는 걸까요?

생명은 기본적으로 자신의 **유전자**[*]를 복제해 퍼뜨리도록 짜여 있습니다. 약 38억 년 전, 지구에 처음 나타난 생명이 지금까지 이어질 수 있었던 건 바로 이 같은 생명체의 설계 덕분입니다.

자기 유전자를 복제하는 방법은 크게 두 가지입니다. 하나는 무성생식, 다른 하나는 유성생식입니다. 무성생식은 간단합니다. 모체의 일부분이 분리되면 그것이 곧 번식입니다. 유성생식은 이에 비해 조금 복잡합니다. 수컷과 암컷이 각각 생식세포를 만든 후 둘을 한곳에서 만나게 해야 번식이 됩니다. 유성생식을 하는 동물은 이 같은 시스템을 갖추고 있어야 하니, 다세포 생물이어야 합니다. 또 번식을 위해 성체가 되고 짝을 만날 때까지 비교적 오랜 시간이 걸립니다. 수컷과 암컷의 생식세포가 만나 이제 막 생명이 태어났다고 생각해 보세요. 무성생식으로 태어난 자식과 달리 이들은 아무것도 못합니다. 음식을 찾아 먹고 배설하는 등 생명을 유지할 수 없죠. 이 녀석을 스스로 생존이 가능할 정도로 키워야 합니다. 이것을 위한 획기적인 발명품이 알입니다.

수컷은 거의 DNA[**]만 있는 매우 작은 꾸러미를 만듭니다. 정자입니다. 암컷은 DNA를 비롯해 많은 영양분이 든 큰 꾸러미를 만듭니다. 난자이지요. 이 두 꾸러미가 합해져 알이 됩니다. 즉 알은 아주 큼직한 세포입니다. 보통 세포는 너무 작아서 맨눈으로 관찰할 수 없는데, 우리가 먹는 달걀이 1개의 세포라고 하니 놀랍습니다. 정자와 난자가 결합된 수정란은 난자에 딸린 영양분으로부터 힘을 얻으면서 세포분열을 계속하며 성장해 갑니다. 일반적으로 이 수정란이 몸 밖으로 나온 것을 '알'이라고 부릅니다. 알 내부의 여린 생명은 막과 껍질의 보호를 받고, 풍부한 영양분을 이용해 몸을 만들어 갑니다. 즉 알은 수정란이 온전히 자랄 수 있도록 도와주는 인큐베이터인 셈이죠.

만국의 닭이여, 돌 달걀을 낳아라

유화가 낳은 알을 짐승들이 먹지 않고 보호해 주자, 금와왕은 알을 쪼개 버리려 했습니다. 하지만 깨뜨릴 수 없었습니다. 알

★   유전자는 DNA 중에서 단백질을 만드는 암호를 가진 부분을 말해요.

★★ DNA는 유전정보를 암호화하고 있는 분자로, 세포 속에 있어요.

이 무척 단단했나 봅니다. 덕분에 주몽은 무사히 태어날 수 있었습니다. 그러면 닭은 왜 자신의 알을 보호하기 위해 껍데기를 주몽의 알처럼 단단하게 만들지 않을까요? 우리는 달걀을 맛있게 먹을 수 있어서 좋지만 닭 입장은 다르겠지요.

우선 알 속에서 생명이 알 크기만큼 성장하면 알을 깨고 나와야 합니다. 껍데기가 너무 단단하면 부수고 나올 수 없습니다. 그러면 껍데기를 부술 수 있는 최대치로 단단해지는 것이 좋지 않을까요?

그런데 한 가지 더 고려할 것이 있습니다. 생명체의 몸에는 투자할 곳이 많은데 자원은 한정되어 있다는 점입니다. 그래서 자원의 적절한 분배가 중요합니다. 이것은 마치 게임에서 캐릭터의 능력치를 분배하는 상황과 비슷합니다. 예를 들어 게임에서는 캐릭터의 능력치로 10점이 주어졌을 때 체력에 4점, 공격력에 4점, 방어력에 2점을 분배하거나 체력에 2점, 공격력에 6점, 방어력에 2점을 분배할 수 있습니다. 사용자는 이를 적절히 나누어 게임 상황에 필요한 캐릭터의 능력을 최대치로 끌어 올리려고 합니다.

닭의 능력치 10점을 체력, 튼튼한 뼈, 단단한 알에 배분하는 상황을 가정해 보겠습니다. 체력에 2점, 튼튼한 뼈에 1점, 단단한 알에 7점을 투자해 주몽의 알처럼 태어난 닭이 살아남아 유전자를 후손에게 물려줄 수 있을까요? 알을 낳기도 전에 병들거나 포식자에게 잡힐 가능성이 높겠죠? 체력에 4점, 튼튼한 뼈에 4점, 단단한 알에 2점을 투자한 닭보다 생존에 유리하지 못할 겁니다. 이런 이유로 알은 보통 조금 센 충격을 가하면 깨질 정도로만 단단합니다.

하지만 알의 껍데기는 우리의 피부보다 외부의 자극을 차단하는 성질이 강해 어느 정도의 외부 충격과 추위 등으로부터 내부를 지켜 주는 훌륭한 역할을 합니다. 당연히 한 마리의 닭이 이러한 특성의 껍질을 선택했다는 말은 아닙니다. 닭은 그럴 수가 없죠. 긴 진화의 시간 동안 자연선택은 마치 사용자가 능력치를 적절하게 배분한 것처럼, 상황에 맞게 안배된 유전자를 보유한 개체가 오래 살아남아 더 많은 후손을 남기도록 만들었습니다. 그 결과 생명은 환경에 적응해 생존과 번식에 더 적합한 형질을 갖추게 되었죠. 이것이 진화의 힘입니다.

중력과 알

물고기와 개구리의 알은 왜 얇은 막으로 감싸여 있고, 거북이와 새의 알은 그보다 단단한 껍데기를 가지고 있을까요? 그것은 중력과 관련이 있습니다. 지상의 알이 지구 중력을 버틸 정도로 단단하지 않으면 알 속 내용물은 땅바닥으로 허물어질 겁니다. 물속의 알은 그럴 필요가 없습니다. 중력은 물에도 작용하므로 물이 밑으로 당겨지면 알도 그만큼 밀려납니다. 그래서 알이 마치 무중력 상태처럼 물속에 떠 있기에 단단한 막이 없어도 형태가 허물어지지 않습니다. 반면에 땅 위에 있는 알은 클수록 중력의 힘을 버텨 내야 하기에 대체로 껍데기가 단단합니다.

또 물속에서는 물과 비슷한 모습일수록 노출이 적어 생존율이 더 높습니다. 그래서 불투명하고 두꺼운 막보다 투명하고 얇은 막이 더 유리합니다. 물의 흐름에 따라 흔들리는 투명한 알은 알이 아니라 물결처럼 보일 테니까요.

피콜로처럼 알을 낳아 볼까

유화는 큰 알을 낳았고, 거기서 주몽이 태어났습니다. 7개의 구슬을 다 모으면 소원을 이루어 준다는 이야기가 담긴 만화 『드래곤볼』의 피콜로도 알을 낳습니다. 심지어 피콜로는 입으로 알을 토해 냅니다! 그런데 피콜로는 외계인이거든요. 유화는 외계인도 아니면서 알을 낳다니 놀랄 수밖에 없습니다. 그런데 알이 생명의 인큐베이터라면, 사람은 왜 알을 낳지 않는 걸까요?

포유류는 생명의 역사에서 후반부에 등장했는데 파충류, 양서류와 달리 새끼를 낳고 젖을 먹인다는 특징이 있습니다. 포유류라는 이름도 젖을 먹이는 동물이기에 붙은 이름입니다. 포유류는 알을 낳는 것이 아니라 뱃속에서 새끼를 어느 정도까지 키운 후 출산하는 시스템을 가지고 있습니다. 조류가 외부 인큐베이터인 알을 낳는다면, 포유류는 아기가 자라는 태반이라는 인큐베이터를 몸 내부에 지니고 있죠. 생명은 알이라는 획기적인 발명품을 만드는 데 그치지 않고 새끼를 뱃속에서 키우는 또 다른 발명품을 만들어 낸 겁니다.

알은 저항하지 않는 풍부한 영양분 덩어리기에 노리는 사냥꾼이 많습니다. 수많은 알이 부화에 이르지 못하죠. 그래서 부모는 알을 대량으로 낳음으로써 이 문제를 극복했습니다. 일단 알을 많이 낳고 나서 '운 좋고 튼튼한 놈만 살아남아라'라는 식이지요.

포유류의 새끼는 엄마의 뱃속에서 자라기 때문에 알로 있을 때보다 생존율이 훨씬 높습니다. 그리고 알처럼 외부로 내보내는 것이 아니라 몸 안에서 키우기 때문에 공간이 한정되어 있습니다. 그래서 포유류는 알을 낳는 생물종보다 새끼를 적게 낳습니다. 하나라도 소중히 잘 키우는 전략을 선택한 거죠. 유전자에 돌연변이가 나타나 이런 시스템이 생겨났는데, 생존과 번식에 효과적이었기에 후대로 계속 전해진 것이라고 볼 수 있습니다.

너는 살찌고 나는 야위어야지

금와왕의 장남 대소는 모든 면에서 자신보다 뛰어난 주몽이 두려웠습니다. 친아들도 아닌 주몽이 행여 왕위를 물려받을까 걱정했지요. 결국 대소는 유력한 경쟁자인 주몽을 없애자고 청하지만 금와왕은 아들처럼 냉혈한은 아닌지 허락하지 않습니다. 그렇다고 주몽을 적극적으로 돌볼 마음은 없어서 주몽에게 말을 기르게 했습니다. 금와왕은 좋아 보이는 말은 자신이 가지고, 비실비실한 말은 주몽에게 줍니다. 이런 금와왕의 개구리 같은 얍삽함을 미리 간파했는지 주몽은 좋은 말에게 일부러 먹이를 적게 주고 야위게 만들어 이 말을 하사받습니다.

그런데 '좋은 말'이 야윈 것은 유전자가 변해서 그런 걸까요? 물론 아닙니다. 우리는 부모로부터 물려받은 유전자를 그대로 가지고 있으며, 돌연변이가 일어나지 않는 한 물려받은 유전자는 변하지 않습니다. 말의 몸이 야윈 것은 영양분이 부족해 축적된 지방이 분해되어 세포의 크기가 줄어들었기 때문입니다. 그래서 다시 '좋은 말'에게 충분히 음식을 주면, 즉 영양분을 공급하면 원래의 몸으로 돌아갑니다. 다만 말이 한창 성장하는 어린 말이었다면 회복이 힘들 수도 있습니다.

정자와 난자가 만난 수정란은 유전자의 설계에 따라 몸을 만들어 가는데, 주변 환경에 따라 유전자가 발현되는 스위치가 켜지기도 하고 꺼지기도 합니다. 한창 성장하는 시기에 굶주림에 계속 시달리면 그것에 적응하는 몸을 만들게 됩니다. 그렇게 형성된 몸은 나중에 충분한 영양을 공급해 주어도 보통 환경일 때 발현되었을 몸으로 돌아가기 어렵습니다. 우리가 어린 생명체에게 더욱 큰 관심과 애정을 가져야 하는 또 하나의 이유입니다.

알을 낳는 포유류는 없나요?

파충류나 조류는 알을 낳고, 포유류는 새끼를 낳는다는 것을 우리는 압니다. 그런데 드물지만 포유류 중에도 알을 낳는 녀석이 있습니다. 오세아니아 대륙에서 볼 수 있는 오리너구리와 바늘두더지입니다. 오리너구리는 주로 물에서 살며, 작은 민물 새우나 가재를 잡아먹습니다. 바늘두더지는 건조한 땅에서 살며, 개미와 흰개미를 먹습니다. 이들은 거친 하얀 껍데기에 싸인 지름 2센티미터 크기의 알을 낳습니다. 동시에 새끼에게 젖을 먹입니다. 이들은 파충류와 조류, 포유류의 특성을 지니고 있는 동물로, 약 1억 8,000만 년 전 공통 조상에서 이들과 인류의 조상이 나뉘었어요.

기묘한 생김새 탓에 박물관에 도착한 오리너구리의 표본

을 처음 본 사람들은 사기를 당했다고 생각했대요. 포유류의 몸과 조류의 몸을 꿰매 붙였다고 본 거예요. 몸통은 너구리처럼 털이 있는데 오리처럼 물갈퀴가 있고, 오리 부리와 유사한 주둥이를 가지고 있었으니까요. 괜히 이름이 오리너구리가 된 게 아니네요. 그런데 언뜻 우스꽝스럽게 보이는 부리는 사실 놀라운 진화의 산물이에요. 오리너구리 부리의 양쪽 표면에는 약 4만 개의 전기 수용기가 띠처럼 세로로 뻗어 있어요. 생명체는 미약한 전기를 띠고 있는데 만약 민물 새우가 근육을 사용

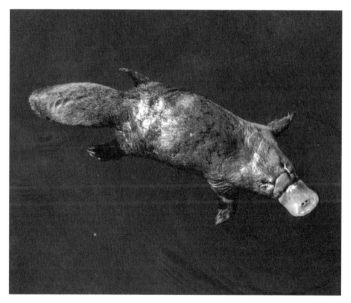

포유류지만 알을 낳는 오리너구리

하면 약한 전기장이 발생합니다. 오리너구리는 이것을 멀리 떨어진 곳에서도 감지할 수 있습니다.

전기를 일으키는 민물 새우가 존재한다는 것은 감지해도 정확한 위치는 모르지 않냐고요? 빛은 빠르고, 소리는 상대적으로 느리기에, 우리는 번개와 천둥의 시간 차이를 통해 폭풍우가 얼마나 멀리 떨어져 있는지 측정할 수 있습니다. 민물 새우의 근육에서 나오는 전기 방전은 번개와 같고, 민물 새우가 움직일 때 생기는 물의 파동은 천둥과 같다 할 수 있어요. 오리너구리의 뇌는 둘 사이의 시간 차이를 통해 먹이가 어디에 있는지를 계산해요. 먹이의 방향을 정확히 파악하기 위해 부리를 좌우로 움직이고, 각기 다른 전기 수용기에 도달한 신호들을 비교해 지도를 그리는 것으로 추정됩니다. 포유류 몸에 오리 부리가 달린 것 같아 좀 우습게 보였는데, 그냥 부리가 아니라 첨단 레이더였어요. 참 놀랍습니다!

박쥐는 초음파를 이용해 소리로 세상을 본다고 할 수 있어요. 색깔을 듣는다고도 할 수 있습니다. 그렇다면 오리너구리는 전기로 세상을 본다고 할 수 있겠죠. 국어 시간에 시에 나온 공감각적 심상을 학생들에게 가르칠 때 어려움을 느낍니다. "이 부분에서는 청각을 시각화한 공감각적 심상이 사용되었어요. 공감각은 복합 감각과는 다른 거예요. 공감각은 감각의 전이가 있지만, 복합 감각은 감각의 전이 없이 독립적인 각각의 감각이 여럿 있는 겁니다…" 이와 같은 설명으로 학생들이 공감각을 진정으로 느낄 수 있을지 의구심이 들곤 합니다. 색을 듣는 박쥐, 전기로 세상을 그려 내는 오리너구리의 시점으로 세상을 볼 때 공감각을 제대로 실감할 거란 생각이 들어요.

금 손으로
금을 만들어
볼까

✦

미다스

×

원소와 원자

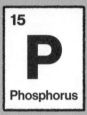

프리기아의 왕 미다스는 이미 재산이 엄청나게 많았는데도 더 많은 부귀를 원했다. 어느 날, 술의 신인 디오니소스의 스승이자 양아버지인 반인반수 실레노스가 샘물에 타 놓은 포도주를 마시고 취해 비틀거리다 농부들의 손에 이끌려 미다스의 궁전으로 끌려왔다. 실레노스를 알아본 미다스는 잔치를 벌여 이 노인을 즐겁게 한 뒤 안전하게 돌려보냈다. 자신의 스승을 구해 준 것이 고마웠던 디오니소스가 보답으로 소원을 하나 들어주겠다고 하였다.

"닿는 것은 무엇이든 황금으로 변하게 만드는 손으로 만들어 주십시오."

디오니소스는 위험한 소원이라며 다시 생각해 보라고 했지만 미다스의 고집을 꺾을 수는 없었다. 소원이 이루어지자 미다스는 뛸 듯이 기뻤다. 미다스는 먼저 참나무의 가지를 꺾었다. 그러자 놀랍게도 나뭇가지가 곧 황금 가지로 변하는 것이 아닌가. 미다스의 기쁨은 이루 말할 수 없었다.

미다스는 궁전으로 들어오자마자 신하들에게 진수성찬을 마련케 했다. 그런데 어처구니없게도 미다스가 빵을 먹으려 하자 빵이 딱딱하게 굳어 황금이 되었다. 포도주는 녹은 황금처럼 목구멍을 타고 내려갔다. 예상치 못한 상황에 당혹스러웠던 미다스는 자신을 향해 다가오는 딸을 안았다가 기겁했다. 사랑하는 딸마저 금 조각상으로 변했기 때문이다.

미다스는 디오니소스에게 자신의 손을 원래대로 돌려 달라고 간청하였다. 미다스가 딱한 상황에 처했음을 알고 디오니소스는 해결 방법을 알려 주었다. 미다스는 디오니소스에게 들은 대로 팍톨로스 강물에 목욕함으로써 본래대로 돌아올 수 있었다. 금 조각상으로 변한 딸도 그 강물에 담가 다시 인간으로 돌아왔다. 그 후 미다스는 부귀영화를 별로 달갑지 않게 여기며 살았다.

미다스 님, 손 좀 빌려주세요

모든 것을 황금으로 바꾸어 주는 미다스의 손! 처음엔 그저 부러웠는데 이야기를 끝까지 들으면 능력을 조절할 수 없어 골치 아프겠다 싶네요. 손 주위의 공기 역시 손에 닿았을 텐데 공기는 황금으로 변하지 않은 것을 보면, 혹시 손에 닿지 않는 풍선 같은 것을 씌워 두면 괜찮지 않았을까요? 자신이 왕이고 금은 무한정 있으니, 먹는 것은 시종을 시켜 먹이도록 하고요. 하지만 사랑하는 이의 손도 잡을 수 없다면 괴로울 것 같네요. 금이 뭐길래 미다스는 그리 욕심을 내었을까요?

세상에 반짝이는 금속은 많지만 유달리 금은 비싸고 가치도 좀처럼 떨어지지 않습니다. 반면에 금과 잘 구분도 되지 않는 황동은 값어치가 낮아요. 상상만 하던 일을 다 이루어 내

MIDAS' DAUGHTER TURNED TO GOLD

영국의 삽화가 월터 크레인이 그린 미다스와 딸(1893년)

는 요즘의 과학 기술이라면 금도 만들면 되지 않을까요? 미다스의 이야기를 떠올리며 원소와 원자에 대해 알아봅시다.

수헬리베붕탄질산

역사에 '태정태세문단세'가 있다면 화학에는 '수헬리베붕탄질산'이 있습니다. 수소, 헬륨, 리튬, 베릴륨, 붕소, 탄소, 질소, 산소! 주기율표의 앞부분에 배치된 **원소**＊의 머리글자입니다. 외우기 쉬우라며 이렇게 첫 글자만 떼서 운율을 붙였죠. 학생일 때 주기율표를 보지 않고도 원소 20개까지는 외웠는데, 도움이 되긴 했으나 별다른 감흥은 없었어요. 문제를 풀기 위해 어쩔 수 없이 외워야 하는, 재미없고 지겨운 공식 같은 거였죠. 그런데 지금 그 주기율표를 찬찬히 들여다보면 참으로 오묘

🔵🔵🔵🔵 요모조모

★　원소는 물질을 이루는 성분을 나타내는 종류입니다. 원자는 물질을 이루는 기본 입자고요. 그래서 '원소 주기율표'라고 하지 '원자 주기율표'라 하지 않습니다. 원자는 입자 하나하나를 말하고, 원소는 입자의 종류로 주기율표에 있는 100여 가지가 전부입니다. 1개의 물 분자(H_2O)에는 몇 개의 원자, 몇 개의 원소가 있을까요? 수소(H) 원자 2개, 산소(O) 원자 1개로 3개의 원자가 있으며, 두 종류의 성분이 있으므로 원소는 2개입니다.

하고 아름다워요. 이 마음을 학창 시절에 알았다면 좀 더 재미있게 공부했을 것 같습니다.

주기율표는 모르고 보면 알 수 없는 기호만 잔뜩 있는 표일 뿐이지만, 그 의미를 알면 아름다움을 볼 수 있습니다. 우리가 살아가는 세상, 나아가 이 우주의 모든 것은 100여 가지 원소와 그 화합물로 구성되어 있습니다. 우리가 마시는 물은 수소와 산소가, 우리가 밥을 떠먹는 숟가락은 철, 크롬, 니켈이 결합해서 만들어졌습니다. 우리 몸도 수소, 산소, 탄소, 질소라는 네 원소가 대부분을 차지하고 있고, 인, 칼슘, 황, 나트륨sodium, 마그네슘, 철 등이 소량 들어 있습니다. 참 신기하죠?

물론 이런 물질을 모아 놓고 마구 뒤섞는다고 해서 생명을 가진 사람이 되지는 않습니다. 그러나 사람이 죽으면 이 같은 원자가 되어 세상으로 흩어지지요. 재미있는 점은 우리 몸을 구성하는 원소들이 주기율표의 앞부분에 몰려 있다는 겁니다. 앞에서 언급한 '수헬리베붕탄질산' 안에 우리 몸의 대부분을 이루는 원소인 수소, 산소, 탄소, 질소가 다 있죠? 이것은 무슨 의미일까요? 주기율표의 앞쪽에 자리한 원소일수록 대체로 지구는 물론 우주에 더 높은 비율로 존재합니다. 즉 지구의 생명체는 지구에서 가장 흔히 볼 수 있는 물질로 이루어진 거예요. 지구에서 가장 흔한 물질이 우리 몸을 이루고 있다는 점에서 '나와 너는 다르지 않다'라고 할 수 있습니다.

참고로, 이 책을 쓰는 2024년 현재까지 주기율표에는 모두 118가지의 원소가 올라가 있습니다. 과학자들은 지금도 119번, 120번 원소를 찾기 위해 노력하고 있어요.

원소 왕국의 지도

주기율표는 원소 왕국의 모습을 그려 낸 훌륭한 지도입니다. 주기율표에 있는 1부터 118까지의 숫자는 원자 번호예요. '수헬리베붕탄질산'으로 시작하니 수소가 1번, 헬륨이 2번, 산소가 8번입니다. $_1$H, $_8$O처럼 원자 번호와 원소 기호를 표시합니다. 이 원자 번호는 원소가 가진 **양성자**⚫의 수와 같습니다.

과학자 존 돌턴은 더 이상 쪼갤 수 없는 물질의 단위를 '원자'로 명명했습니다. 영어로는 아톰atom인데, '더 이상 쪼갤 수 없는'을 뜻하는 그리스어 아토모스atomos에서 따왔어요. 그런데 가장 작은 단위라며 이름을 지은 그 원자가 더 작은 원자

⚫ 양성자는 중성자와 함께 원자핵을 구성하며, 전기적 성질을 띠는 작은 입자예요. 양성자의 개수에 따라 주기율표의 원자 번호가 결정됩니다.

핵과 **전자**✦로 이루어지며, 원자핵 안에는 양성자와 **중성자**✦✦
가 있으니, 과학은 끝이 없네요. 심지어 양성자, 중성자조차
쿼크quark라는 더 작은 입자로 이루어져 있답니다.

원자는 놀라운 특성을 많이 지녔는데, 원자의 대부분이
텅 비어 있다는 점이 특히 당혹스럽습니다. 원자핵의 크기는
원자 지름의 10만분의 1 정도밖에 되지 않습니다. 원자가 축
구장 크기라면 원자핵은 축구장 한가운데 놓인 구슬, 전자는
구슬보다 작은 참깨에 빗댈 수 있습니다. 나머지 공간은 텅 비
어 있고요. 구슬 같은 원자핵을 가운데에 두고 축구장만큼 텅
빈 공간을 참깨 같은 전자가 돌아다니고 있는 겁니다.

가만히 생각해 보면 참 희한한 일입니다. 우리 눈에 보이
는 모든 것이 원자로 이루어져 있는데, 이 원자들은 텅 비어
있다니요! 그런데 이렇게 원자가 비어 있다면 우리 앞을 가로

요 모 조 모
_____

✦   전자는 원자핵 주위를 돌며 양성자와 반대의 전기적 성질을 띠는 작은 입자예요.
    원자를 구성하는 입자 중 가장 먼저 발견되었는데, 이 발견으로 원자를 더 이상 쪼
    갤 수 없는 기본 입자라 정의했던 돌턴의 원자설은 수정될 수밖에 없었어요.

✦✦ 중성자는 양성자와 함께 원자핵을 구성하며, 전기적 성질이 없는 작은 입자예요.
    양성자와 무게가 비슷한데, 전자가 아주 가볍기 때문에 양성자와 중성자의 질량
    을 더하면 그 원자의 질량과 큰 차이가 없습니다. 원자핵 속 양성자 수와 중성자
    수의 합을 '질량수'라고 합니다.

막은 벽은 사실 빈 것과 다름없기에 벽 너머를 볼 수 있어야 할 것 같습니다. 통과할 수도 있어야 할 것 같고요. 벽도 비어 있고, 우리 몸도 비어 있으니까요. 하지만 안타깝게도 벽을 향해 빨리 달려갔다가는 벽을 통과하는 것이 아니라 병원에 다니게 됩니다.

왜 그럴까요? 원자핵과 전자 사이의 공간은 텅 비어 있으나 전자들은 서로 가까워지길 싫어해 밀어내기 때문입니다. 그래서 다른 물질이 가까이 오면 반발합니다. 빛조차 그 반발력 때문에 원자의 텅 빈 공간을 뚫고 지나기 어려워요. 그래서 우리는 비어 있음을 눈으로 볼 수 없고, 통과할 수도 없는 겁니다. 불교의 색즉시공色卽是空, 공즉시색空卽是色이 떠오릅니다. 물질 세계와 비어 있는 공空의 세계가 다르지 않음을 표현한 말이에요.

원자의 중심에는 원자핵이 있고, 그 주위를 전자가 돌고 있습니다. 원자핵 안에는 양성자와 중성자가 들어 있고요. 원자 번호는 원자가 가지고 있는 양성자의 개수와 같아요. 양성자는 양전하(+)를 띠는데, 원자는 전기적으로 중성이에요. 전자가 음전하(-)를 띠기 때문이죠. 그러므로 양성자와 같은 수의 전자가 있어야 원자는 중성이 됩니다. 즉 전자의 개수도 원자 번호와 같다는 말이에요. 원자 번호만 알면 그 원자의 양성자 수와 전자 수를 알 수 있지요. 주기율표의 원소들은 왼쪽부터 오른쪽으로, 위쪽부터 아래쪽으로 한 칸씩 이동하면서 원자 번호가 1씩 올라갑니다. 양성자와 전자의 수가 같은 원소 100여 개가 쭉 나열되어 있죠. 원소들을 한 장의 지도처럼 나타낸 것이 주기율표입니다.

화학은 껍질을 들여다보는 거라고?

수소 원자는 원자 번호가 1번이므로 양성자가 1개입니다. 양성자 수와 전자의 수는 같으므로 전자도 1개이고요. 즉 1개의 전자가 원자핵 주위를 돌고 있어요. 전자는 모두 동일한 궤도를 도는 것이 아니라 안쪽에서부터 바깥쪽으로 간격을 두고 궤도를 돕니다. 태양 주위를 수성, 금성, 지구, 화성이 적당한 간격을 두고 공전하는 것을 떠올리면 이해하기 쉽겠죠? 이때 궤도를 '전자 껍질'이라고 표현하기도 합니다. 간격을 두고 궤도를 돈다고 했으니 겹겹이 포개진 양파 껍질 같은 모양을 생각해도 좋겠네요.

껍질마다 최대로 들어갈 수 있는 전자의 수는 정해져 있습니다. 안쪽에서부터 2, 8, 8, 18, 18, 32, 32…개가 최대로 들어갈 수 있는 전자의 수예요. 예외가 있긴 하지만, 전자는 대부

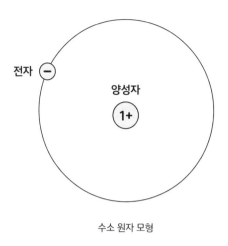

수소 원자 모형

분 안쪽부터 순서대로 채워집니다. 즉 원자 번호가 8번인 산소는 전자 8개가 한 껍질에 함께 있지 않고 2개는 맨 안쪽 껍질에, 6개는 그다음 껍질에 위치합니다. 원자 번호가 11번인 나트륨의 경우에는 전자가 맨 앞쪽 껍질에 2개, 다음 껍질에 8개, 제일 바깥 껍질에 남은 1개가 자리합니다.

주기율표를 검색해서 들여다보세요. 제일 윗줄에는 수소와 헬륨이 있습니다. 그 아랫줄에는 '리베붕탄질산플네'로 원소 8개가 있고요. 그 아랫줄도 8개예요. 신기하지 않나요? 앞에서 언급한 2, 8, 8, 18이 주기율표의 위에서부터 가로줄에 있는 원소의 개수와 같습니다. 주기율표에서 전자 껍질을 엿볼 수 있지요. 갑자기 주기율표가 달라 보이죠?

원자는 제일 바깥 껍질에 들어갈 전자가 다 채워지면 아주 안정된 상태를 이루기에 껍질을 딱 맞게 채우려는 욕망이 있습니다. 산소 원자는 두 번째 껍질에 전자 2개를 더 채우면 그 껍질이 8개로 가득 차게 됩니다. 그래서 산소 원자는 주변에서 전자 2개를 어떻게든 얻으려고 해요. 전자를 1개씩 지닌 수소 둘을 보면 산소가 무척 반기겠죠? 수소도 전자 하나를 얻어 껍질을 전자로 가득 채우고 싶어 합니다. 그래서 산소와 수소가 만나면 사이좋게 전자를 공유해 서로의 바람을 채우려 합니다. 오른쪽의 물 분자 모형처럼 수소가 전자 2개를 공유해 마치 산소가 8개의 전자를 가진 것 같은 모습이 됩니다. 그렇기에 산소와 수소가 결합해 물 분자가 될 수 있지요.

나트륨은 제일 바깥쪽 껍질에 전자 하나만 있기에 불안정한 상태입니다. 전자 하나를 잃으면, 두 번째 껍질이 8개로 맞추어지므로 안정된 상태가 됩니다. 그래서 나트륨은 기회만 있으면 전자 하나를 내놓으려 합니다. 원자 번호가 17번인 염소는 3개의 껍질에 2+8+7개의 전자가 각각 들어갑니다. 제일 바깥 껍질은 전자 하나가 적어 8개가 되지 못합니다. 그래서 전자 하나를 얻어 안정되고픈 마음이 큽니다. 나트륨은 전자 하나를 내놓으려 하고, 염소는 전자 하나를 얻으려 하니 둘은 잘 맞는 짝꿍이겠죠? 그래서 나트륨(Na)과 염소(Cl)가 만나면

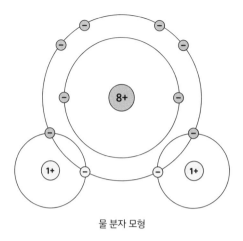

물 분자 모형

쉽게 염화나트륨(NaCl)이 됩니다. 우리가 잘 아는 소금이에요.

칼륨포타슘은 원자 번호가 19번이에요. 주기율표 위에서 넷째 줄 첫째 칸에 보이죠? 칼륨의 전자는 어떤 모습일까요? 짐작했다시피 세 번째 껍질까지 2+8+8개로 잘 채워져 있고, 네 번째 껍질에는 전자 1개만 덩그러니 놓여 있습니다. 그렇다면 칼륨은 어떤 성질을 보일까요? 앞에서 말한 것처럼 제일 바깥 껍질에 홀로 있는 전자를 밖으로 보내어 껍질이 꽉 채워진 상태를 만들고 싶어 할 겁니다. 물론 실제로 칼륨이 이런 마음을 품을 리는 없겠죠? 그런 성질이 있다는 말입니다.

칼륨의 상황은 먼저 살펴본 나트륨과 참 비슷합니다. 맞습니다! 둘의 성질은 유사합니다. 제일 바깥 껍질에 있는 전자의 수가 원소의 대체적인 성질을 결정하는 거예요. 안쪽에 있는 전자는 바깥쪽의 전자와 서로 가까이하지도 않거든요. 그래서 화학 반응에 참여하는 전자는 제일 바깥쪽에 있는 전자가 됩니다. 이를 '원자가전자'라고 합니다. 나트륨과 칼륨은 원자가전자 수가 둘 다 1로 같습니다. 이렇듯 주기율표에서 같은 세로줄에 있는 원소들은 유사한 성질을 보입니다. 같은 세로줄에 있는 마그네슘, 칼슘, 스트론튬이 비슷하며, 헬륨, 네온, 아르곤이 서로 닮았습니다. 주기율표는 이 많은 사실을 한 장의 표로 다 보여 줍니다. 이제 왜 주기율표가 아름답다고 말했는지 이해되나요?

지폐는 사실 종잇조각인 것이여

미다스가 간절히 바랐던 금! 금은 왜 오랜 시간 화폐로 통용되었을까요? 지폐와 동전이 없던 과거에 금만이 화폐였던 것은 아니에요. 어떤 화폐가 더 있었을까요? 화폐를 꼭 쇠붙이나 종이로 만들어야 한다는 법은 없습니다. 재화의 가치를 제대로 표현할 수 있는 것이라면 모두 화폐가 될 수 있어요. 쇠붙이를 녹여 만든 주화가 발명되기 전에는 조가비, 소금, 곡식, 구슬 등이 화폐로 사용되었어요.

화폐의 기능을 제대로 수행하려면 갖추어야 할 조건이 몇 가지 있습니다. 첫째, 내구성이 좋아 오랜 시간이 흘러도 변함이 없어야 해요. 튤립을 화폐로 사용할 수도 있겠지만, 시간이 지나면 꽃이 시들고, 말라 부스러지기에 화폐로 장기간 사용하기는 어려워요. 소금은 자칫 비를 맞거나 하면 다 녹아 사라진다는 점에서 곤란했을 거고요.

둘째, 너무 크거나 무겁지 않아서 가지고 다니기 좋아야 합니다. 노트북을 사기 위해 쌀 다섯 가마를 짊어지고 마트에 가야 하는 상황을 상상하면 지금의 화폐에 큰절 한번 하고 싶어지겠죠?

셋째, 쉽게 새로 생산할 수 있으면 안 됩니다. 작은 돌멩이를 화폐로 사용할 수 없는 이유는 땅을 파기만 하면 금세 많은 돌멩이를 구할 수 있기 때문이에요. 미다스가 길가의 돌멩이처럼 황금을 많이 만들어 낸다면 황금의 가치는 점점 낮아집니다. 많은 나라에서 온라인 암호화폐인 비트코인을 인정하지 않음에도 높은 가격을 유지하고 있는 이유 중 하나는 그것의 희소성이 크게 작용했다고 볼 수 있습니다.

넷째, 모든 사람이 화폐에 일정한 가치가 있음을 믿어야 합니다. 5만 원짜리 지폐는 사실 신사임당이 그려진 종잇조각이죠. 지금 보고 있는 이 책의 종이와 재질은 좀 다르지만 어쨌든 흔한 종이일 뿐이에요. 그런데 책의 종이와 달리 5만 원 지폐에는 5만 원만큼의 교환 가치가 있다고 모두가 믿습니다. 그 가치는 지폐를 발행하는 한국은행과 대한민국이 보증한 거예요. 그래서 작은 종잇조각이지만 화폐로 편리하게 사용할 수 있습니다. 비트코인을 화폐로 인정하지 않는 국가가 많기에 이 암호화폐의 가치는 시기에 따라 오르락내리락하는 모습을 띠는 거고요.

오늘날에는 돈의 90퍼센트 이상이 컴퓨터 서버에만 존재합니다. 신용카드, 계좌이체 등 데이터만을 주고받죠. 이런 전자화폐는 철저한 보안 아래에서 데이터만 안전하게 관리된다면 위 네 가지 조건에서 매우 탁월함을 보입니다. 그래서 앞으로 더욱 전자화폐가 애용될 것 같습니다. 화폐로서 금의 미래는 어떨까요?

금쪽 같은 나의 금

금은 비쌉니다. 과거에도 비쌌고, 현재에도 비싸며, 미래에도 아마 이보다 가치가 떨어지지는 않을 거예요. 그럴 만한 이유가 있습니다. 금은 위에서 말한 화폐의 조건을 훌륭하게 만족시키니까요. 금은 극히 안정된 금속이라 다른 물질과 거의 화학 반응을 하지 않아 부식되지 않습니다. 지폐는 보관을 잘못하면 썩지만 금은 썩지 않습니다. 노란빛으로 번쩍이는 광택은 아름다움까지 부여해 금의 가치를 더 높여 줘요.

금은 왜 이처럼 빛나는 걸까요? 이 또한 주기율표가 힌트를 줍니다. 금은 원자 번호가 79번이므로 양성자 79개 주위를 전자 79개가 돌고 있어요. 즉 금의 전자는 우리 주변에서 흔히 접하는 원소들의 전자보다 훨씬 많아요. 금은 금속인데, 금속의 전자들은 띠를 이루어 원자의 경계를 넘어 다니는 특이한 성질을 보입니다. 그렇게 마음껏 돌아다니는 전자를 **자유전자**✦라 합니다. 이 자유전자들이 날아온 빛을 반사하고, 흡수했던 빛도 다시 방출하기에 금속은 반짝반짝 광택을 띠는 거예요. 금은 자유전자가 많으니 더욱 반짝일 수 있는 거지요.

또 금은 단단하면서도 부드러워서 원하는 모양으로 만들기 쉽고, 그 가치에 비해 무겁지 않아 휴대하기도 좋아요. 이

요모조모

✦ 자유전자는 원자에 얽매이지 않고 자유롭게 돌아다닐 수 있는 전자예요. 전자는 대부분 원자핵과의 전기적 작용을 통해 원자 안에 묶여 있습니다. 그런데 금속의 경우, 원자 사이에서 일어나는 상호 작용으로 각 원자의 가장 바깥쪽에 있는 전자가 해방되어 금속 안을 돌아다녀요. 금속이 전기와 열을 전하기 쉬운 것은 자유전자가 그것을 잘 운반하기 때문입니다.

처럼 불변하고, 아름답게 빛나고, 휴대성이 좋은 금은 옛날부터 귀하게 여겨졌고, 지금도 화폐로 통용되고 있습니다. 미다스는 이런 사실을 알았기에 금 손을 소원으로 택했던 걸까요?

내가 바로 미다스, 금 나와라 뚝딱!

금이 이토록 귀하니 손만 대면 금을 만들어 내는 미다스의 손이 탐날 수밖에 없네요. 그런데 수소와 산소로 물을 만들고 철과 크롬으로 스테인리스를 만드는 것처럼, 금을 만들어 낼 수 있지 않을까요? 구리와 아연으로 금과 비슷해 보이는 황동을 만들었으니, 주기율표에 있는 여러 원소를 섞어 금을 만들어 낼 수 있을 것도 같습니다. 옛날에도 그렇게 생각한 사람들이 많았어요. 연금술사라 불리는 그들은 금을 합성해 내기 위해 많은 실험을 했으나 모두 실패했어요. 가능할 것 같지만 사실상 불가능해요. 왜냐하면 금은 단일 원소이기 때문이에요.

주기율표에 있는 원소들은 모두 단일 원소입니다. 원소들은 화학 반응을 일으켜 무수한 화합물을 만들어 내지만, 여러 원소들을 혼합해 단일한 원소를 만들어 낼 수는 없어요. 고전 물리학을 완성한 천재 아이작 뉴턴도 오랜 기간 광적으로 연금술에 취해, 수없이 실험했으나 끝내 성공하지 못했어요. 이제는 인정하고 포기해야 할 시간인 듯해요. 천재 뉴턴도 못한 일이니까요. 혹 부모님이 "과학을 배웠으니 너도 금 정도는 만들 수 있는 거 아니니?" 하고 은근히 기대한다면 "그건 뉴턴도 못한 거예요"라고 둘러댑시다.

내 안에 별 있다?

단일 원소는 다른 물질로는 전혀 변하지 않을까요? 그렇지는 않습니다. 우리는 다른 원소로 변하는 원소를 이미 알고 있습니다. 우라늄($_{92}$U)입니다. 우라늄은 원자 번호가 92번이니, 양성자가 92개임을 알 수 있습니다. 양성자는 같은 전기적 성질을 띠기에 서로 밀어내려 합니다. 그런데 어떻게 양성자들은 좁은 핵 안에 모여 있을까요? 그것은 중성자가 양성자 사이에 섞여 반발력을 누그러뜨리고, 양성자와 중성자를 붙어 있게 하는 강력한 힘이 원자핵 속에 작용하고 있기 때문입니다.

그런데 우라늄처럼 양성자가 너무 많으면 양성자 간의 밀어내는 힘이 무척 강해서 불안정한 상태에 놓입니다. 즉 아주 단단하게 붙은 안정적인 상태가 아니라는 말이에요. 중성자를 빠른 속도로 우라늄에 쏘면, 양성자가 많아 불안정한 우라늄은 쪼개져요. 세슘($_{55}$Cs)과 루비듐($_{37}$Rb)으로 쪼개지기도 하고, 바륨($_{56}$Ba)과 크립톤($_{36}$Kr)으로 쪼개지기도 합니다. 우라늄 원자 1개가 쪼개지면 중성자 2~3개가 엄청나게 빠른 속도로 튀어나옵니다. 속도가 너무 빠르기에 엄청난 에너지를 지니고 있지요. 이 중성자는 또다시 다른 우라늄 원자핵과 부딪혀 다음 핵분열을 연쇄적으로 일으킵니다. 그렇게 어마어마한 에너지가 생산됩니다. 이것이 핵 발전소와 핵폭탄의 간략한 원리예요.

세슘과 루비듐, 바륨과 크립톤의 원자 번호를 유심히 보면 재미있는 것을 발견할 수 있습니다. 세슘과 루비듐의 양성자 수인 55와 37을 더하면 우라늄의 양성자 수인 92가 나와요. 바륨, 크립톤의 양성자 수를 더해도 92가 되고요. 이것이 시사하는 바는 큽니다. 각각의 원소들은 완전히 다른 물질로 이루어져 있는 것이 아니라 양성자와 전자의 수가 다를 뿐이라는 뜻이거든요. 즉 나트륨 원자핵과 금 원자핵은 아예 다른 별개의 것이 아니라는 말이지요. 그저 나트륨의 양성자는 11개이고 금의 양성자는 79개인 겁니다. 따라서 양성자가 1개인 수소의 핵에 양성자를 하나 더 집어넣는 데 성공만 한다면 양성자가 2개인 헬륨을 만들 수 있을 겁니다. 양성자가 2개인 헬륨의 핵에 양성자를 4개 더 넣으면 양성자가 6개인 탄소를 만들 수 있고요.

이 얼마나 신기한 일인가요? 놀랍게도 이 일은 지금도 별에서 끊임없이 일어나고 있습니다. 별에서는 주기율표에 있는 여러 원소가 만들어진 후, 별이 폭발할 때 먼 곳으로 퍼져 갑니다. 그 원소들이 뭉쳐 지구가 만들어졌고, 거기서 생명이 탄생했어요. 그러므로 지구의 모든 것은 본래 별에서 왔습니다. 우리의 몸도 다 저 머나먼 별에서부터 온 물질로 이루어졌지요. 오래전에 "내 안에 너 있다"라는 말이 유행했는데, 이제는 "내 안에 별 있다"라는 말이 유행해도 좋겠습니다.

현대판 연금술사, 입자 가속기

이렇듯 단일 원소를 쪼개거나 합쳐서 다른 단일 원소를 만들 수 있습니다. 처음에 단일 원소를 만들어 내는 것은 불가능하다고 한 말은 엄밀히 따지면 틀린 말이지요. 주기율표에서 우라늄보다 원자 번호가 높은 원소는 인공적으로 만든 원소입니다. 현대판 연금술이지요. 이것은 핵 속의 양성자와 중성자의 구성이 달라지면서 생기는 변화예요. 이를 '핵반응'이라 합니다. 원소들을 섞어 화합물을 만들어 내는 것은 '화학 반응'이라고 합니다. 금을 연성해 내려 한 연금술사들의 시도가 실패한 까닭은 화학 반응으로만 실험했지, 핵반응에는 이르지 못했기 때문입니다.

그러면 양성자 수의 합이 금의 원자 번호와 같은 두 원소의 핵반응으로 금을 만들면 되지 않을까요? 현대판 연금술인 핵반응은 태양 내부보다 온도와 압력이 훨씬 높거나, 중성자 또는 양성자를 엄청나게 빠른 속도로 충돌시켜야 겨우 성공할 수 있습니다. 그것을 가능하게 하는 장치가 입자 가속기입니다. 오른쪽의 입자 가속기 사진을 보세요. 흘깃 봐도 엄청비싸 보이죠? 이것을 설치하고 작동시키는 데만 해도 어마어마한 비용이 듭니다. 그러니 금을 만드는 것보다 그 돈으로 차라리 금을 사는 게 훨씬 낫겠네요.

유럽 입자 물리학 연구소(CERN)의 거대 강입자 가속기

전자는 어떻게 운동하나요?

전자의 궤도 운동은 주로 전자가 원자핵을 중심에 두고 원을 그리며 움직이는 모습으로 표현됩니다. 마치 태양 주위를 공전하는 행성처럼요. 이것은 사실 영국의 물리학자인 어니스트 러더퍼드가 제시한 모형입니다. 이 모형은 원자핵 속 양성자와 전자가 서로 당기지만, 끌려가지 않는 대신에 전자가 핵 주위를 돌고 있다고 가정합니다.

그런데 이 모형은 문제가 있습니다. 전자는 전기를 띠고 있지요. 전기를 띤 알갱이가 원운동을 하면 전자기파를 만들어냅니다. 즉 빛이 나옵니다. 빛은 에너지를 가지고 있기에 빛이 나온다는 것은 에너지를 방출한다는 말이에요. 에너지를 잃은 전자는 속도가 줄어들어 결국 원자핵에 끌려가 합쳐져야 한다는 결론이 나옵니다. 그러면 이 세상은 존재할 수가 없지요. 그래서 이 원자 모형은 수정됩니다.

실제 전자는 원자핵 주위를 무척 이상하게 움직입니다. 하나의 궤도로 회전하는 것이 아니라 무수히 다른 궤도를 돌아다니거든요. 갑자기 사라졌다 다른 곳에 나타나기도 합니다. 아니, 사라지기까지 한다니! 그래서 전자가 어느 위치에 있는지 예측하기가 어려워요. 관측하면 되지 않냐고요? 놀랍게도 관측을 하면 본래와 다르게 행동합니다. 그래서 어디에 있을 거라는 확률로만 예상할 수 있어요. 따라서 원자는 전자가 궤도를 빙글빙글 도는 모습이 아니라 존재할 확률이 표현된 구름 같은 모습을 띱니다. 이 같은 원자 속 전자의 모습을 표현할 때 '전자구름'이라는 말을 써요.

원자처럼 아주 작은 세계는 큰 세계의 운동 법칙과는 다른 모습을 보입니다. 원자나 전자처럼 아주 작은 세계의 현상을 탐구하는 것을 '양자역학'이라고 합니다. 뉴턴이 완성한 물리 법칙을 '고전역학'이라 하고요. 고전역학은 일상 세계를 잘 설명할 수 있지만, 원자나 전자처럼 작은 세계에는 맞지 않아요. 이렇듯 작디작은 원자의 세계를 이해하기란 어려운 일입니다. 그렇다고 좌절할 필요는 없습니다. 양자역학의 토대를 제공했다고 할 수 있는 아인슈타인조차도 이 양자역학을 받아들이기 힘들어했답니다. 조금 위안이 되네요. 이해하기는 어렵지만 현대 과학 기술은 양자역학에 크게 의존합니다. 오늘날 우리가 스마트폰, 내비게이션, 인공지능, 전기차를 사용할 수 있는 것은 양자역학 덕분이에요.

전자구름 모형

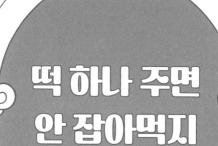

네 번째 이야기

떡 하나 주면
안 잡아먹지

◆

『해님 달님』

×

좌우대칭과 엔트로피

옛날 옛적 깊은 산속 외딴집에 홀어머니와 오누이가 살고 있었다. 오누이의 어머니는 장에 떡을 팔아 오누이를 키웠다. 어느 늦은 밤, 장에 갔다 집으로 돌아오는 길에 어머니는 고개에서 호랑이를 만났다.

"떡 하나 주면 안 잡아먹지."

호랑이의 말에 어머니는 벌벌 떨며 떡을 하나 던져 주었다. 호랑이는 냉큼 떡을 받아먹었다. 그 떡을 먹고 가 버린 줄 알았으나 호랑이는 고개를 넘을 때마다 나타났다. 떡이 다 떨어지자 오누이의 어머니는 결국 호랑이에게 잡아먹혔다.

호랑이는 어머니의 옷을 입고 오누이의 집을 찾아갔다. 여동생은 문 밖에서 들리는 발소리에 어머니인 줄 알고 문을 열어 주려했지만, 오빠는 의심스러웠다. 오누이는 호랑이에게 어머니인 걸증명해 보라며 "왜 이렇게 늦게 왔냐?", "목소리가 왜 다르냐?", "손은 왜 그러냐?" 하고 물었다. 호랑이는 오누이의 물음에 어떻게든 둘러댔지만 결국 정체가 들통났다. 오누이는 호랑이를 피해 몰래 뒷문으로 빠져나와 나무 위로 올라갔다.

호랑이는 도망친 오누이를 찾지 못하다가, 나무 옆의 우물에 오누이가 비친 모습을 발견하였다. 호랑이는 도끼를 가져와 나무에 홈을 파서 올라오기 시작하였다.

오누이는 호랑이를 피해 나무 꼭대기까지 올라갔지만 더는 도망칠 곳이 없었다. 오누이는 하늘을 향해 눈물을 흘리며 빌었다.

"하느님, 저희를 구해 주시려면 새 동아줄을 내려 주시고, 그렇지 않으면 썩은 동아줄을 내려 주세요."

그러자 정말로 하늘에서 새 동아줄이 내려왔다. 오누이는 동아줄을 타고 올라가, 여동생은 해님이 되고 오빠는 달님이 되었다.

호랑이도 하늘에 대고 같은 소원을 비니, 동아줄이 내려왔다. 하늘로 올라가던 호랑이는 동아줄이 끊어지면서 수수밭에 떨어져 죽고 말았다. 썩은 동아줄이었던 것이다. 이때 하늘에서 떨어진 호랑이의 피가 배어 수수밭의 수수가 붉게 변했다고 한다.

떡을 좋아하는 호랑이

"떡 하나 주면 안 잡아먹지!" 우리나라에서는 모르는 사람이 없을 정도로 유명한 말입니다. 그런데 보통 이 말은 기억하는데 이야기의 전체 내용은 잘 모르는 편입니다. 이 기회에 함께 기억합시다!

『해님 달님』은 해와 달의 탄생을 다룬다는 점에서 신화적 성격이 있는 옛이야기입니다. 『해님 달님』과 구성이 비슷한 이야기들이 전 세계에 많이 있어요. 그중 『빨간 망토』와 『늑대와 일곱 마리 아기 염소』가 유명해요. 우리나라 이야기에는 호랑이가 나오는데, 저 두 이야기에는 늑대가 나옵니다. 옛날에는 우리나라 산에 실제로 호랑이가 살았기에, 호랑이가 이야기에 등장했나 봅니다.

호랑이는 육식이라 떡을 좋아할 리 없지만 이야기 속 호랑이는 떡을 잘 먹네요. 뭐, 말도 하고 옷도 입을 줄 아는데, 떡을 못 먹는다면 그게 더 이상하겠어요. 그래도 역시 육식이라 그런지, 호랑이는 떡을 다 먹고도 오누이의 어머니를 잡아먹은 후 오누이까지 끈질기게 노립니다.

호랑이가 접근했을 때 아무런 의심 없이 행동하는 동생과 달리 오빠는 신중한 모습을 취합니다. 이런 오빠의 모습은 과학적 태도와 비슷합니다. 그 시각에 집 문으로 다가오는 발소리는 어머니일 확률이 매우 높습니다. 깊은 산속 외딴집에 사니까요. 그렇기에 발소리를 듣자마자 기뻐하며 문을 열려고 한 동생의 행동은 충분히 그럴 법합니다. 그런데 오빠는 발소리에서 미묘한 차이를 느꼈는지 아니면 원래 조심성이 많은 성격인지 어머니임을 증명하라고 요구합니다. 검증이 끝나기 전에는 믿지 않는 것이 과학적 태도이지요. 오빠의 그러한 태도가 두 생명을 구합니다.

고양잇과 동물은 대부분 나무를 잘 탑니다. 고양이를 키워 봤다면 공감하지 싶어요. 그래서 호랑이도 나무에 잘 오를 수 있는데, 이야기 속의 호랑이는 나무를 잘 못 타네요. 놀랍게도 도끼질은 잘합니다. 와우! 역시 남다른 호랑이입니다. 오누이의 목숨이 바람 앞의 등불처럼 위태로운 순간, 하느님은

이 상황을 다 지켜보고 있었는지 동아줄을 내려 오누이를 구합니다. 그럴 생각이었으면 좀 더 일찍 내려 주시지. 눈을 부릅뜬 채 입맛을 다시며 도끼로 나무에 홈을 파서 한 칸 한 칸 올라오는 호랑이를 나무 위에서 내려본다고 생각해 보세요. 그 공포감이 얼마나 크겠어요. 하느님이 너무하신 것 아닌가요? 그래도 끝까지 외면하진 않았어요. 아이들을 구하고, 해와 달이 되게 했습니다.

왜 나는 너를 알아보는가?

호랑이는 오누이의 어머니를 잡아먹은 후, 어머니의 옷을 입습니다. 당연히 어머니인 것처럼 속여서 오누이까지 잡아먹기 위해서입니다. 과학적 태도를 지닌 오빠는 증거를 요구합니다. 그래서 왜 이렇게 늦게 왔는지, 목소리기 왜 그린지, 손은 왜 그런지 묻습니다. 평소와 다른 점을 추궁해 진짜 어머니인지를 판단하기 위해서입니다. 목소리, 손, 행동 등을 종합해 추론할 수도 있지만, 더 간단한 방법이 있습니다. 바로 얼굴을 보여 달라고 한 후 자세히 보는 겁니다.

사람은 청각보다 시각에 매우 민감하며, 특히 얼굴을 구분하는 데 매우 탁월한 능력을 지니고 있습니다. 사람들은

이탈리아의 화가 레오나르도 다빈치가 그린 〈모나리자〉(1503~1506년)

〈모나리자〉 그림을 보면서 눈썹 쪽이 좀 이상하다는 것을 금방 알아챕니다.

어느 날 자고 일어났는데 자신의 입술이 5밀리미터 더 두꺼워졌다거나, 오른쪽 눈이 1센티미터 아래로 이동했다고 생각해 보세요. 겨우 5밀리미터, 1센티미터이지만 평소 얼굴을 알던 사람들은 깜짝 놀랄 겁니다. 반면에 왼쪽 엄지손가락이 5밀리미터 더 두꺼워지거나 오른팔이 1센티미터 더 길어진 것을 알아볼 사람은 거의 없을 겁니다. 그만큼 우리는 얼굴을 인식하는 능력이 뛰어납니다. 우리는 왜 이런 능력을 지닌 걸까요? 역시 그 답은 진화에서 찾아야 하겠습니다.

사람이 서로 알아보는 것은 당연한 일 아닌가요? 이것이 왜 진화와 관련이 있을까요? 진화생물학*에서는 사람이 서로 개별적으로 알아야 할 필요가 없는 상황이라면 얼굴을 구분하는 능력은 그다지 발달하지 않는다고 합니다. 즉 우리가 서로를 잘 알아본다는 것은 인간의 진화 과정에서 그것이 필요했다는 뜻이죠. 서로를 개별적으로 알아볼 필요가 없는 생명체는 그런 능력이 발달하지 않습니다. 예를 들어 반딧불이는

요모조모 ─────────────────────

★ 진화생물학은 생물이 진화하는 원인과 과정을 연구하는 학문입니다.

자기 옆에 날고 있는 다른 반딧불이가 누구의 자손인지에 관심 가질 리가 없습니다. 자신의 등 뒤에서 헤엄치던 덩치 큰 가자미가 어느 바다에서 태어났고 누구의 친구인지 기억하는 어류는 없어요.

가파른 절벽 끝에 둥지를 트는 새들은 놀랍게도 자기 자식을 잘 구별하지 못합니다. 그럴 필요가 없기 때문이지요. 자신의 둥지 안에서 적당한 크기로 동그랗게 몸을 만 털 뭉치들은 틀림없이 자기 자식일 터라 굳이 그것을 식별하는 데 에너지를 쓰지 않아도 됩니다. 이와 달리 사방이 뚫린 곳에 둥지를 튼 새들은 자기가 낳은 새끼들만의 세밀한 특징을 알아보는 능력을 발달시켜 왔습니다. 그 능력이 없으면 몰래 알을 놓고 도망간 이웃의 새끼를 정성껏 양육하느라 자기 새끼를 제대로 못 키우게 되니까요. 즉 생존과 번식에 도움이 된다면 다른 개체를 식별하는 능력이 발달하고, 그렇지 않다면 그런 능력은 발달하지 않는다는 말입니다. 인간은 전자에 속하고요.

원빈과 나는 닮은꼴

인간처럼 집단을 이루어 생활을 하는 동물에게 꼭 필요한 능력은 서로 알아보는 겁니다. 자신의 부모, 자식, 형제, 자매, 삼

촌, 이모 등을 아는 것은 기본이지요. 무리에서 특정한 누군가를 다음에 또 만나도 알 수 있어야 하고, 그의 친족은 물론 나와의 관계를 아는 것도 중요합니다. 그것은 많은 먹이를 얻은 누군가가 누구와 어떻게 나눠 먹을 것인지를 짐작하게 합니다. 또 문제 상황이 발생했을 때 누구에게 도움을 요청해야 하는지, 다른 개체와 갈등 상황이 발생했을 때 누가 자신을 도와주고 누가 상대방을 도와줄지 짐작하게 합니다.

누가 자신의 친구이고, 누가 자신의 적인지를 헷갈리는 침팬지는 오래 생존할 가능성이 작습니다. 그래서 사회성이 발달한 동물일수록 주위의 개체가 누구인지를 잘 알아봅니다. 우리에게는 다 비슷비슷해 보이지만 침팬지는 얼굴을 보면 상대의 정체뿐 아니라 그 친족과 협력 관계까지 파악할 수 있습니다. 이처럼 인간을 비롯한 사회적 동물의 가장 기본적이면서 중요한 능력은 다른 개체를 제대로 인식하는 겁니다.

냄새나 소리로 상대를 인식하는 동물이 많은 것에 비해 우리는 냄새로는 다른 사람을 잘 구분하지 못합니다. 사람이 냄새로만 누군가를 구분해야 한다면 학교에서 출석을 확인할 때 참 우스운 광경이 연출되겠지요. 선생님이 한 명 한 명 가까이 가서 킁킁대며 냄새를 맡아야 하니까요. 다행스럽게도 사람은 시각에 크게 의존해 대상을 인지하며, 특히 얼굴의 특

최근 연구에 따르면 침팬지는 수십 년 동안 못 본 동료를 알아본다고 한다.

징에 주목합니다. 어떤 사람을 만나 첫인상에서 호감 또는 비호감을 느낄 때도 얼굴이 매우 크게 영향을 미칩니다. 우리는 왜 이리도 얼굴을 중시하는 걸까요?

원빈, 수지, 차은우, 아이유 같은 연예인과 우리 얼굴이 많이 다른가요? 아니에요. 공통점이 아주 많아요. 우선 눈, 코, 입의 개수가 같습니다. 다 세로로 길쭉한 타원형의 얼굴을 하고 있고요. 눈 밑에 코, 코 밑에 입이 있고, 귀는 머리 양옆에 있어요. 머리 윗부분에는 털이 많고요. 눈, 코, 입, 귀의 크기가 달라 봐야 몇 센티미터 정도일 뿐입니다. 공통점이 이렇게 많으니, 우리는 이들과 무척 닮은 겁니다. 아마도 지구에 외계인이 왔다면 이들과 우리의 얼굴을 잘 구분하지 못하겠지요. 우리가 침팬지 얼굴을 다 비슷하다고 생각하듯이, 외계인은 우리를 원빈, 수지와 쌍둥이만큼이나 비슷하다고 여길 거예요. 그러니 자신감을 가지고 SNS에 '거울을 봤더니 차은우가 있네'라고 올려 봅시다! 반응이 폭발적일 거예요. 계정이 폭발할지도 모르고요.

이처럼 사람들 개개인의 얼굴 차이는 미미하다 할 수 있는데, 우리는 그 미미함마저 잘 식별해 냅니다. 그것은 진화 과정에서 얼굴을 구분하는 일이 그만큼 인간에게 중요했다는 의미입니다. 얼굴이 왜 중요했을까요? 그것은 얼굴에 주요 감각기관이 몰려 있다는 점과 관련이 있습니다. 또 성선택과도 관련이 있습니다.

좌우대칭밖에 모르는 바보

우리 눈에 띄는 대다수 동물의 몸은 좌우대칭을 이루고 있습니다. 당연해 보이기도 하지만 이것은 매우 신기한 일이에요. 굴러다니는 돌멩이, 나무의 가지들이 좌우대칭을 이루는 일은 거의 없잖아요. 해안의 절벽이 좌우대칭을 이루며 깎일 확률은 얼마나 될까요? 자연에서 좌우대칭은 잘 일어나지 않습니다. 그런데도 왜 사람, 고양이, 청둥오리, 두꺼비, 가오리, 사슴벌레의 몸은 좌우대칭일까요?

왼쪽에만 눈이 있는 물고기가 있다면 그 물고기는 어떻게 행동할까요? 스스로는 앞으로 가고 있다고 여길지도 모르겠지만 왼쪽으로 뱅글뱅글 계속 돌게 됩니다. 오른쪽 다리가 왼쪽 다리보다 두 배가량 큰 이구아나는 어떨까요? 그 이구아나도 빨리 가려 할수록 왼쪽으로 회전하게 될 겁니다. 좌우대칭의 몸은 원하는 방향으로 가기에 이상적인 구조입니다. 그렇기에 오랜 옛날 생물체의 몸은 형성될 때 신체 기관이 좌우대칭을 이루도록 진화의 압력을 받았습니다. 그럼 위와 아래는 왜 대칭을 이루지 않을까요? 위쪽과 아래쪽에 작용하는 중력의 크기가 다르기 때문입니다. 중력에 맞추어 적응해야 효율이 최대겠죠? 그래서 위아래는 대칭을 이루지 않는 방향으로 진화했습니다.

앞과 뒤의 대칭도 잘 나타나지 않는 건 왜일까요? 앞뒤가 대칭인 사람을 한번 떠올려 봅시다. 발뒤꿈치 대신 발가락이 나 있고, 무릎은 물론 눈, 코, 입이 뒤에도 있는 모습입니다. 이렇게 앞뒤가 대칭이면 뒤에서 다가오는 사자를 빨리 발견할 수 있고, 앞뒤로 언제든 뛰어갈 수 있으니 먹이를 사냥하고 천적으로부터 도망치기 더 좋지 않을까요? 왜 이렇게 진화하지 않았을까요?

조금만 더 생각해 보면 이것은 효율이 매우 떨어짐을 알 수 있습니다. 우리의 다리 구조는 앞으로 달려가기에 적합하지만, 앞뒤가 대칭인 몸은 무릎을 제대로 굽히지도 못해 느리고 불안정하게 뛸 수밖에 없습니다. 빠른 속도를 낼 수 없죠. 또 앞과 뒤의 눈에서 쏟아지는 정보를 체계적으로 정리하기도 쉽지 않겠고요. 앞에 나타난 사자를 뒤의 눈이 보았다고 착각하는 순간, 사자의 입을 향해 장렬하게 돌진하는 웃지 못할 일도 발생하겠지요. 그래서 앞뒤 대칭도 보기 힘듭니다.

좌우대칭의 몸을 형성하거나 유지하기는 쉽지 않습니다. 죽은 멧돼지는 좌우대칭을 유지한 채로 부패되지 않습니다. 소아마비에 걸린 침팬지는 좌우대칭의 신체를 유지하지 못합니다. 유전자의 **돌연변이**★, 기생충 감염, 질병, 외상 등 자연에서 동물들의 좌우대칭 신체를 무너뜨릴 요인은 많습니다. 그렇기에 좌우대칭을 잘 이룬 신체는 유전자 돌연변이가 없고,

★ 돌연변이는 유전자나 염색체에 이상이 생겨 부모에게 없던 형질이 자손에 나타나는 현상이에요. 돌연변이를 일으키는 원인에는 여러 가지가 있습니다. DNA가 복제될 때의 오류, 엑스선이나 자외선처럼 에너지가 강한 광선, 환경 오염 물질 등으로 돌연변이가 발생합니다.

기생충에 감염되지 않았음을 알려 주는 지표가 됩니다. 따라서 동물은 짝을 선택할 때 신체 좌우대칭에 주목하는 성향을 지니게 되었습니다.

기생충에 감염되지 않았군!

대다수의 다세포 동물은 머리에 감각기관을 몰아 두고 있습니다. 왜 그렇게 진화했을까요? 눈은 배에, 코는 다리에, 귀는 등에 둘 수도 있었을 텐데요. 하지만 이럴 경우 생존에 불리하겠죠? 먹이를 찾고, 위험을 감지할 감각기관은 몸의 제일 앞에 있을 때 효율적입니다. 사물을 가장 먼저 발견할 테니까요. 상황을 분석한 후 행동을 결정하거나 지시할 뇌도 감각기관과 가까이 있을 때 가장 신속하게 문제를 처리할 수 있습니다. 그래서 동물의 여러 감각기관과 뇌는 머리에 옹기종기 모여 있습니다.

두 눈과 귀처럼 감각기관이 좌우대칭을 이룬 얼굴은 그렇지 않을 때보다 더 좋은 능력을 보입니다. 즉 여러 감각기관이 오밀조밀 모인 얼굴은 좌우대칭의 수준을 살펴 환경에 얼마나 잘 적응했는지를 판단하기에 매우 좋은 곳입니다. 그래서 우리는 유난히 얼굴에 주목하는 성향을 지니게 된 겁니다.

인간의 시각이 무척 발달했다는 것도 한몫했고요. 그렇다고 우리가 타인의 얼굴을 보며 '음, 좌우대칭이 완벽한 것을 보니 기생충에 감염되지 않았군! 나의 짝으로 손색이 없어'라고 생각한다는 말은 아니에요. 좌우대칭이 아름다운 얼굴을 보면 옥시토신, 세로토닌, 도파민 같은 **신경 전달 물질**★이 분비되면서 기분이 좋아지고 매력을 느껴 더 가까워지고 싶은 마음이 들게끔 우리 몸이 설계되어 있다는 말이지요. 유전자가 이 구조를 기획했고요. 유전자와 환경의 상호 작용으로 우리 몸에 새겨진 겁니다.

이 같은 마음의 작동 방식은 오랜 진화의 시간을 거쳤기에 과거에 필요 없던 것은 지금의 우리도 지니고 있지 않습니다. 예를 들어 허파나 간은 좌우대칭 형태가 아닙니다. 과거에는 허파와 간을 볼 수도 없었기에 짝을 선택할 때 그것의 대칭은 전혀 고려 요소가 아니었지요. 그래서 오늘날 연인의 허파와 간을 엑스선으로 볼 수 있는데도 좌우대칭이 아니어서 흉측하다는 이유로 퇴짜를 놓는 일은 없는 겁니다.

요 모 조 모 ─────────────────────────────

★ 신경 전달 물질은 신경세포에서 분비되어 인접한 신경세포에 정보를 전달하는 화학 물질을 말해요.

얼굴에 드러난 감정을 잘 파악하는 능력은 무리를 이루어 살아가는 데 필수입니다. 우리는 무리에 어울리기 위해 타인을 식별하며, 타인의 표정에서 감정을 읽어 냅니다. 그리고 얼굴의 좌우대칭을 보며 무의식적으로 판단을 내립니다. 우리는 이렇듯 얼굴에 드러나는 미세한 차이와 미묘한 표정 변화마저 읽어 내는 탁월한 능력을 보유하고 있는 거예요. 그래서 분명 나와 원빈은 참으로 닮았지만 사람들은 둘의 차이를 하늘과 땅처럼 크게 느끼지요. 이토록 닮았는데 억울하군요.

진정한 아름다움이란

지금까지 『해님 달님』에서 의문을 품었던 '우리는 왜 얼굴을 잘 구분하고, 외모를 중시하는가'에 대한 답을 알아보았습니다. 진화의 역사에서 그러한 성향을 갖게 된 배경을 알게 되었지요. 지금까지의 설명은 '좋은 외모를 높이 평가하는 것은 당연하고 마땅하다'라는 말이 아니에요. 오히려 그 반대예요. 눈, 코, 입 등의 미미한 차이가 그 사람의 모든 것인 양 평가받거나 비하하는 것은 어리석은 짓이라는 말이죠.

1센티미터의 피부 조각보다 성품, 개성, 능력, 경험 등을 더 하찮게 여기는 태도는 얼마나 비이성적인가요? 이제 우리 마음이 조각된 원리를 알았으니 그렇게 형성된 마음이 적절하고 합리적인가를 되돌아보아야 해요. 장자라는 중국 고대 철학자가 쓴 책 『장자』에는 다음과 같은 구절이 나와요.

> "절세미인이 있다 해도, 물고기가 그녀를 보았다면 물속으로 숨어 버릴 테고, 새가 보았다면 하늘 높이 날아갈 테고, 사슴이 보았다면 겁을 먹고 달아나고 말 걸세. 그렇다면 이 중 누가 천하의 미를 안다고 생각되는가?"

> 진정한 '아름다움'이란 무엇일까요?

자연에는 왜 좌우대칭이 드문가요?

갓 사귄 연인과 카페에 마주 앉아 주스를 마시는 중입니다. 갑자기 배가 불편하더니 방귀를 뀌었습니다. 아찔합니다. 방귀가 바지에 그대로 머물거나 내 뒤쪽으로만 퍼지기를 바랍니다. 그러나 그건 이루어질 수 없는 바람입니다. 바람이 불지 않아도 방귀 분자는 차츰차츰 공기 중에 골고루 퍼져 연인의 코로 들어갈 겁니다. 왜 그럴까요?

확률 때문입니다. 방귀 냄새의 주원인인 황화수소 분자가 어떻게 움직일지를 생각해 봅시다. 우리 눈에는 보이지 않지만 기체 분자는 사방으로 날아다니며 마구 요동치고 있습니다. 공기에는 수많은 원자와 분자가 제각각의 속도로 움직이며 다른 입자와 초당 약 10억 번 정도나 충돌합니다. 황화수소가 이 속에서 명령에 따르는 군인처럼 일제히 우리 뒤쪽으로만 갈 확률은 어느 정도일까요? 0과 다름없습니다. 물속에 떨어트린 잉크가 퍼지지 않고 처음 떨어진 형태 그대로 있을 확률과 비슷할 겁니다. 황화수소는 공기 중으로, 잉크는 물 곳곳으로 퍼질 확률이 높아 그 일은 현실이 됩니다. 즉 물질은 확률이 높은 쪽의 모습을 취해 갑니다. 이를 잘 설명해 주는 용어가 '엔트로피'입니다.

엔트로피는 열역학에서 물질의 상태를 나타내는 양을 말합니다. 물질이 변할 가능성의 척도라 할 수 있지요. 물속에 떨어진 잉크가 퍼지지 않고 그대로 뭉쳐 있을 가능성은 낮기에 엔트로피가 무척 낮은 상태입니다. 반면에 잉크가 물에 골고루 퍼질 가능성은 많기에 시간이 지나면 잉크의 양은 알아서 물에 퍼지게 됩니다. 이는 엔트로피가 높은 상태입니다. 고립된 세계에서 엔트로피는 감소하지 않습니다. 잉크 한 방울이 물속에 퍼지고 나면 오랜 시간이 흘러도 다시 처음 떨어진 잉크 한 방울로 모이지 않습니다. 외부와 단절된 세계에서 엔트로피는 일정하거나 증가하지, 감소하지는 않기 때문입니다. 이것이 그 유명한 열역학 제2법칙입니다.

길을 가다 정확하게 좌우대칭을 이루는 반듯반듯한 정사면체 바위를 본다면 자연의 신비에 경탄해야 할까요? 아마도 자연이 아니라 인간이 조각했다 생각하겠죠? 바람, 물, 돌 등에 부대끼며 바위가 정사면체가 될 확률은 사실상 없다고 봐야 하지만, 좌우대칭이 아닌 모양이 될 확률은 무척 높습니다. 좌우대칭은 엔트로피가 무척 낮은 상태입니다. 열역학 제2법칙의 지배를 받는 자연은 엔트로피가 높은 상태로 변해 가기에 좌우대칭은 좀처럼 관찰하기 힘듭니다. 돌이 그렇고, 구름이 그렇습니다.

그런데 생물은 좌우대칭이 많으니 열역학 제2법칙을 거스르는 것 아니냐고요? 생물은 고립된 세계가 아니라 열린 세계라서 그렇습니다. 생물이 좌우대칭을 이루는 과정에서 생물을 비롯한 우주 전체의 엔트로피는 증가합니다. 즉 열역학 제2법칙에 어긋나지 않았다는 말이에요.

생물은 열역학 제2법칙에 저항하며 몸을 좌우대칭으로 만들어요. 좌우대칭이 아닌 상태가 더 가능성이 높은 상태이므로 생물은 병, 부상, 죽음 등을 이유로 언제든 좌우대칭이 무너질 위험에 놓여 있습니다. 우리 주변의 생명은 냉엄한 열역학 제2법칙에 어떻게든 저항하며 생존하고 진화해 가는 경이로운 존재라 할 수 있습니다. 우리 인간이 그렇고, 고양이가 그렇고, 사슴벌레, 거위, 산천어가 그렇습니다. 우리가 생명을 존중하고 아껴야 하는 또 하나의 이유입니다.

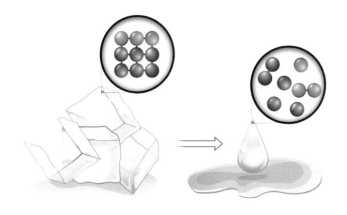

열역학 제2법칙에 따라 엔트로피는 증가하고 질서는 무너진다.

다섯 번째 이야기

해가 지고
달이 뜨면

✦

「항아분월」

×

별의 일생

활 잘 쏘기로 유명한 천계의 신 예가 천제의 아들 아홉을 활로 쏘아 죽였다. 예를 원망한 천제는 예에게서 신의 자격을 박탈해 인간이 되게 하였다. 예의 아내인 항아 역시 남편과 함께 신의 자격을 잃는 처벌을 받아 하늘로 돌아갈 수 없는 신세가 되었다. 항아는 남편 예를 원망하였다.

예와 항아는 신에서 인간으로 전락했기에 늙고 죽는 일을 비껴갈 수 없게 되었다. 영웅인 예도 죽음은 두려웠다. 예는 불사약을 찾아낸다면 죽음에서 벗어나고 항아와의 사랑도 회복할 수 있을 거라 믿었다. 곤륜산 서쪽에 사는 서왕모가 불사약을 가지고 있다는 소문을 들은 예는 온갖 난관을 뚫고 곤륜산 위로 올라가 서왕모를 만났다. 서왕모는 예의 처지를 불쌍히 여겨 불사약이 담긴 호리병을 건네며 당부의 말을 하였다.

"이 불사약은 둘이 반씩 나누어 마시면 영원히 죽지 않고 오래 살 수 있습니다. 하지만 한 사람이 모두 마시면 하늘로 올라가 신이 될 수 있습니다."

항아에게 불사약을 맡긴 예는 좋은 날을 정해 함께 나누어 먹으려 했다. 그러나 항아는 혼자 불사약을 먹고 하늘나라의 신이 되는 길을 택했다. 불사약을 몽땅 먹은 항아는 몸이 가벼워져 하늘을 날 수 있었다. 하지만 항아는 곧바로 하늘나라로 가지 않았다. 다른 신에게 남편을 배반했다는 질책을 들을 것이 두려워서였다. 항아는 달에 가서 잠시 숨어 있기로 마음먹었다. 그런데 항아가 달에 도착한 순간, 항아의 몸이 변하기 시작하였다. 입이 넓어지고 눈은 커졌다. 목과 어깨는 한데 붙었다. 피부는 온통 울퉁불퉁해졌다. 항아는 비명을 질렀으나 목소리가 나오지 않았다. 항아의 아름다운 모습은 사라지고 두꺼비로 변해 버렸다.

달의 여신, 항아

요임금이 다스리던 고대 중국, 어느 날 하늘에 10개의 태양이 뜨는 괴변이 일어납니다. 10개의 태양 탓에 세상이 불덩이처럼 뜨거워져 사람들은 극심한 고통에 시달렸습니다. 천제는 인간을 돕기 위해 명궁인 천신 예에게 활과 화살을 주어 인간 세상에 내려보냈습니다. 예는 활을 쏘아 9개의 태양을 떨어트렸습니다.

활에 맞은 태양은 터지면서 황금빛 까마귀의 모습으로 떨어졌습니다. 태양에 산다는 발이 셋 달린 삼족오였습니다. 그런데 사실 10개의 태양은 천제의 아들들이었습니다. 태양이 하루에 하나씩 번갈아 가며 떠야 세상에 문제가 안 생기는데, 어느 날 장난스럽게 동시에 하늘로 떠오르는 바람에 나무, 풀, 곡식이 불에 타 버려 나라가 혼란에 빠졌던 거지요. 천제는 예가 자신의 아홉 아들을 죽인 것에 분노해 예를 처벌했습니다.

예 입장에서는 좀 억울할 것 같기도 합니다. 10개의 태양이 뜬 상황에서 명사수에게 활과 화살을 주면서 이 문제를 해결하라고 하면 활을 쏘라는 말 아니겠어요? 항아도 억울할 것 같습니다. 예의 아내라는 이유로 함께 신의 자격을 박탈당했으니까요. 그 후 항아는 남편을 배신하면서까지 신의 지위를 되찾지만, 또 다른 형벌을 받게 됩니다.

지구의 유일한 위성인 달과 지구에서 가장 가까운 별인 태양은 지구인인 우리에게 특별한 수밖에 없습니다. 그래서 두 천체에 대한 이야기가 많습니다. 우리나라에는 신라 시대에 태양과 달이 빛을 잃었다 되찾는 연오랑과 세오녀의 이야기가 전해지지요. 그리스의 태양신 아폴론과 달의 신 아르테미스는 쌍둥이 남매이고, 북유럽 신화에 등장하는 솔은 태양의 신이며 마니는 달의 신입니다. 앞에서 살펴본 『해님 달님』에서는 호랑이에게 쫓기던 누이는 해님이 되고, 오라버니는 달님이 됩니다. 소중함과 친근감 때문일까요? 시대와 장소를 뛰어넘어 옛사람들은 끊임없이 태양과 달에 관한 이야기를 만들었습니다. 여기서는 과학이라는 렌즈로 이 둘을 좀 더 살펴보겠습니다.

테이아의 충돌과 달의 탄생

항아는 하늘나라에서 받을 비난이 두려워 달에 먼저 갑니다. 아무래도 고대 중국의 사람들은 하늘보다 달을 더 가깝게 여긴 것 같습니다. 실제 별은 아주 멀리 있지만 하늘에 떠 있는 것처럼 보이고 달은 그보다 크니, 달이 하늘보다 가깝다고 생각할 법합니다. 그렇게 고대 중국의 사람들은 달을 보며 항아를 떠올리고, 그리스 사람들은 아르테미스를 떠올렸을 겁니다. 우리 선조들은 달을 어떻게 보았을까요? 몇백만 년 전 인류의 조상은 달을 보았을까요? 1억 년 전쯤의 공룡은요? 달은 언제부터 지구에 있었을까요?

달은 지구의 유일한 위성이라 더 소중한 존재입니다. 달은 지구가 기후를 유지하는 데 도움을 주고, 밤하늘을 밝혀 우리의 마음을 따스하게 합니다. 달은 지름이 지구의 4분의 1에 이를 정도로 큰 위성이라는 점에서 매우 특이해요. 위성을 가진 다른 행성들은 **모행성**˚에 비해 아주 작은 크기의 위성을

˚ 모행성은 위성이 도는 중심에 있는 행성을 말해요. 태양 둘레를 행성이 공전하는 것처럼, 행성 둘레는 위성이 공전하고 있습니다. 지구는 달의 모행성이에요.

거느리고 있거든요.

이처럼 특이하게 큰 달의 탄생을 설명하기 위해 20세기의 천문학자들은 여러 가지 이론을 내놓았습니다. 어떤 이들은 달이 소행성처럼 태양계의 바깥에서 생겨나 지구 곁을 지날 때 지구의 중력에 붙들려 위성이 되었다고 주장합니다. 또 다른 이들은 초기 지구가 아주 빠르게 회전하는 과정에서 핵분열이 일어나 일부 물질이 떨어져 나가 달이 되었다고 합니다.

1969년 아폴로 우주선이 달을 탐사한 이후 가져온 암석이 이 논란을 마무리했습니다. 달에서 가져온 암석월석을 분석한 결과, 지구와 달의 구성 물질과 **동위 원소**★가 비슷한 것이 밝혀졌거든요. 이는 지구와 달이 서로 연관된 역사를 지녔다는 뜻이에요. 만약 달이 다른 곳에서 만들어졌고 지구의 중력에 붙잡힌 거라면, 달과 지구의 구성 물질이 크게 달랐겠지요. 그리고 월석은 지구의 암석보다 내부에 갇힌 휘발성 기체의 양이 적은데, 이것은 어떤 사건이 달의 기체를 끓어오르게 해 우주 공간으로 빠져나가게 했음을 암시합니다. 달처럼 큰 천

★ 동위 원소는 같은 원소의 원자들 중 원자핵의 양성자 수는 같지만 중성자 수가 다른 원자를 말합니다. 중성자 수가 다르기 때문에 동위 원소는 질량수가 다릅니다.

체 내부에 있는 기체를 끓어오르게 하려면 막대한 열이 필요하기에, 상상하기 힘들 정도로 큰 규모의 충돌이 일어났음을 알 수 있죠.

천문학자들은 계산을 통해 원시의 지구와 충돌한 가상의 행성이 있음을 알아냈고, '테이아'라 이름까지 붙였습니다. 화성만 한 크기의 테이아는 지구 궤도의 다른 지점에 있던 별개의 행성으로 추측됩니다. 그래서 지구가 태양 주위를 도는 동안 지구보다 몇 달 앞서거나 뒤서서 궤도를 돌았다고 봐요. 지구와 테이아는 탄생한 지 5,000만 년이 지나기 전, 즉 지금으로부터 45억 년 전쯤 중력의 힘에 빨려 들어가 서로 부딪힙니다. 지구의 대기, 바다, 대륙 전체를 증발시킬 정도의 대충돌이었죠. 테이아 또한 기체로 증발해 대부분의 물질이 우주 공간으로 나가 지구 주위를 돌면서 고리를 이루었어요. 이 기체 고리가 식은 뒤 뭉쳐 달이 된 겁니다. 태양계에서 이 두 행성이 형성될 때 같은 궤도에 있었기 때문에 거의 같은 성분으로 구성되었고요. 그래서 지구와 달의 구성 물질이 유사한 겁니다. 달의 탄생에는 이 같은 이야기가 있어요.

테이아와 충돌한 이후 지구는 한쪽으로 비스듬해졌습니다. 지구의 자전축은 태양을 향해 23.5도 기울어져 있습니다. 지구본을 유심히 한번 보세요. 회전축이 기울어진 게 보이죠?

멋을 위해 그런 게 아니에요. 지구가 그 축을 기준으로 자전하기 때문이지요. 즉 지구본을 반시계 방향으로 뱅글뱅글 돌리면 실제 지구가 자전할 때 도는 모습과 같습니다. 이처럼 지구가 기울어져 자전하기 시작한 것은 테이아와 지구가 충돌한 후였어요. 자전축이 기울어지면 시기에 따라 쏟아지는 햇빛의 양이 달라집니다. 이는 계절의 변화를 가져오고 대기와 해류가 순환할 수 있도록 해 생명체가 생존하기 더 좋게 만들었습니다. 우리나라는 사계절이 다 있어서 모든 계절을 즐길 수 있다는 장점이 있습니다. 봄에는 꽃구경, 여름엔 물놀이, 가을엔 단풍놀이, 겨울엔 눈싸움! 이 모두를 즐길 수 있도록 만든 것이 바로 23.5도의 마법입니다.

달은 또 하루 멀어져 간다

남편을 배신하면서까지 신이 되고 싶었던 항아. 그러나 원하는 대로 일이 풀리지 않아 미모를 잃고 달에서 두꺼비가 됩니다. 개인적으로 불행한 일을 겪었지만 달의 여신으로 인간에게 추앙받는다는 점은 위안이 될 수도 있겠어요. 우리는 언제까지 달을 보며 항아를 떠올릴 수 있을까요?

현재 달과 지구의 거리는 약 38만 4,000킬로미터입니다.

달이 갓 만들어졌을 때 달과 지구의 거리는 약 2만 4,000킬로미터였습니다. 무척 가까웠죠. 그래서 갓 만들어진 달은 지금의 태양보다 12배나 더 커 보였을 거라고 합니다.

해수면이 상승해 바닷물이 밀려드는 것을 밀물, 하강해 바닷물이 빠져나가는 것을 썰물이라고 합니다. 바닷물은 하루에 두 번 들고 나는데, 이를 '조석'이라고 하고요. 이 같은 현상을 일으키는 힘은 '기조력'으로, 달과 태양의 인력과 지구의 원심력 때문에 나타납니다. 이 중에서 가장 강력한 힘이 달의 인력입니다. 그런데 바닷물이 움직일 때 생기는 해저 바닥과의 마찰이 지구의 자전에 브레이크 역할을 합니다. 지구의 자전 에너지를 조금씩 약화시키죠. 그래서 달이 갓 만들어졌을 때는 하루가 10시간일 정도로 자전 속도가 빨랐는데, 점차 느려져서 지금처럼 하루가 24시간이 된 거예요. 이는 달의 공전에도 영향을 미쳐 달과 지구의 거리가 점점 멀어졌습니다.

달은 1년에 3~4센티미터씩 지구로부터 멀어지고 있어요. 그렇게 45억 년 동안 조금씩 멀어진 결과, 달과 지구의 거리가 지금과 같이 되었지요. 그럼 앞으로는 어떻게 될까요? 10억 년쯤 지나 지구에서 달을 보면 지금보다 훨씬 작아 보일 겁니다. 30억 년쯤 지나면 지구 중력의 영향권에서 벗어나 우주의 어둠 속으로 사라진다는 의견도 있고, 15억 년쯤 뒤부터는 달의 궤도가 안정화되어 더 이상 멀어지지 않는다는 추측도 있습니다. 달이 멀어지면 달이 지구에 미치는 인력이 약해져서 조석에 미치는 영향 또한 약해질 테니, 달이 새로운 공전 궤도에서 안정을 찾을 것으로 짐작됩니다. 따라서 후자의 의견이 더 설득력 있어 보입니다. 작은 달이나마 계속 볼 수 있다면 다행이겠어요.

태양의 숨통을 끊는 화살

항아의 남편 예는 천제가 준 활과 화살로 태양을 꿰뚫어 없앴습니다. 무려 9개나요. 남은 하나마저 없애지 않아서 다행입니다. 태양이 모조리 사라지면 안 된다고 생각한 요임금이 사람을 보내 예의 화살통에서 화살 하나를 숨긴 덕분이에요. 태양이 없으면 지구의 생물이 존재할 수 없음을 우리는 압니다. 명색이 신인데 예는 우둔하고 인간인 요임금이 더 현명했네요. 신화와 달리 실제로 태양이 화살을 맞아서 없어질 리는 없습니다. 하지만 태양이 영원히 저렇게 빛을 내며 우리를 비춰줄까요? 태양에도 끝이 있을까요? 있다면 그 끝은 어떤 모습일까요?

30년 전 아침에도 태양은 떠올랐고, 1년 전 아침에도 태양은 떠올랐으며, 오늘 아침에도 태양은 떠올랐습니다. 엄밀하게 따지면 태양이 떠오른 것이 아니라 지구가 자전한 거지만요. 이 사실이 내일 아침에도 반드시 태양이 뜬다는 것을 보장하지는 못합니다. 그래도 만약 내기를 한다면 우리는 '내일 아침에 태양이 떠오른다'에 전 재산을 걸 겁니다. 내일이 아니라 1년 뒤, 1,000년 뒤, 1억 년 뒤여도 전 재산을 걸겠지요. 그렇다면 100억 년 뒤라면 어떨까요? 그때도 전 재산을 걸 수 있을까요?

영원할 것 같은 별이지만, 별에도 끝이 있습니다. 핵융합✦ 반응의 연료인 수소의 양이 유한하기 때문입니다. 앞으로 50억~60억 년이 지나면 태양 중심부에 있던 수소가 모두 헬륨으로 변하게 되어 중심핵 부분에서는 핵융합 반응이 일어나지 않게 됩니다. 연료가 다 떨어졌으니까요. 이때 중심핵의 바깥에는 수소가 아직 남아 있습니다. 태양이 중력은 헬륨으로 가득 찬 중심핵을 짓눌러 수축하게 합니다.

요모조모

✦ 핵융합은 두 원자핵이 결합해 더 무거운 원자핵을 만드는 현상이에요. 핵융합 반응이 일어나면 엄청난 양의 에너지가 뿜어져 나와요. 태양이 뜨겁고 빛나는 이유입니다.

수소 핵융합 반응이 있을 때는 핵융합으로 만들어지는 에너지는 팽창하려 하고, 중력은 이를 중심으로 끌어당기려 합니다. 이 힘들이 균형을 이루어 우리가 지금 보는 것과 같은 태양의 형태를 유지합니다. 그런데 중심부의 수소 핵융합 반응이 멈추면 중력에 대항할 힘이 없기 때문에 강력한 중력의 작용으로 태양이 수축하게 됩니다.

태양이 수축하면 태양 중심의 밀도와 온도가 지속적으로 상승합니다. 이 열이 전달되어 중심핵 바깥쪽에 남아 있던 수소층의 온도가 1,000만 도에 이르면 수소 핵융합 반응이 일어납니다. 그리고 중심부에서는 헬륨 원자들 사이의 간격이 좁아져 강한 힘이 작용하면서 헬륨 핵융합 반응이 시작됩니다. 수소 핵융합 반응 후 재처럼 남아 있던 헬륨이 다시 타기 시작하는 거지요. 만해 한용운의 시 「알 수 없어요」의 "타고 남은 재가 다시 기름이 됩니다"라는 구절이 떠오르네요. 이렇게 헬륨이 타고 나면 탄소, 산소 등 또 다른 원소가 만들어집니다.

이때의 태양은 2개의 용광로를 가진 듯한 모습을 보입니다. 중심부엔 헬륨, 그 바깥쪽에는 수소가 타고 있지요. 그런데 바깥쪽에 미치는 태양의 중력은 약하기에 수소 핵융합 반응으로 만들어진 에너지를 중앙 쪽으로 붙잡아 둘 수가 없습니다. 그래서 태양의 바깥쪽이 급격히 팽창해 크게 부풀어 오르는데, 그 결과로 온도는 하강합니다. 빛의 스펙트럼에서 낮은 에너지는 빨간색을 띱니다. 그래서 태양은 붉은색의 거대한 별이 됩니다. 이것을 적색거성*이라 합니다. 벌겋게 부풀어 적색거성이 된 태양은 수성과 금성에 이어 지구까지 집어삼킵니다. 태양의 최후를 보기 전에 지구의 최후를 먼저 맞게 되는 거죠.

태양 중심부에서는 타고 남은 재가 기름이 되었지만, 이 또한 영원할 수는 없습니다. 태양의 중심부가 탄소와 산소로 가득해지면 핵융합 반응이 멈추게 됩니다. 태양 내부의 온도와 압력이 탄소나 산소의 핵반응을 일으킬 만큼 높지 않기 때문입니다. 그렇게 되면 중심부의 강력한 중력에 대항할 힘이 없어 중력 수축이 재개됩니다. 그런데 수축하면 온도가 상승하기에 충분히 뜨겁지 않아 타지 못한 재료들이 다시 연소를 일으킵니다. 결국 다시 핵융합 반응이 일어나 온도가 상승합니다. 온도의 상승으로 중심부 바깥의 수소가 또 핵융합 반응

요모조모

★ 적색거성은 중심핵에서 수소의 연소가 끝난 진화 단계의 별로, 본래 크기의 100배까지 팽창합니다. 표면 온도가 낮아 붉은색을 띠기에 적색거성으로 부르는데, 영어 이름도 레드 자이언트(red giant)예요.

을 일으켜 태양의 대기층은 약간 팽창합니다. 그러다 연료가 소진되면 또 수축이 일어나고요.

팽창과 수축을 반복하면서 태양은 자신의 대기층을 몇 개의 부분으로 나누어 우주 공간으로 내보냅니다. 부풀어 버린 겉껍질을 붙잡아 둘 만큼 태양 중심의 중력이 강하지 않기 때문입니다. 떨어져 나간 바깥층은 알록달록 빛이 나고, 그 중심에는 마치 행성이 있는 것처럼 보입니다. 그래서 이를 '행성상 성운'이라고 부릅니다.

바깥층을 잃고 알몸이 된 태양은 서서히 식으면서 계속 수축합니다. 그렇게 크기는 찻숟가락만 한데 질량은 1톤에 이르는 고밀도의 물질이 됩니다. 더 이상 핵융합 반응이 일어나지 않지만 중심부의 온도가 높기에 태양은 하얀빛을 띠는 작은 별이 됩니다. 이것을 '백색왜성'이라 합니다. 그리고 수십억 년의 세월이 또 흐르면 태양은 자신의 온기를 사방으로 뿜어내 더는 빛을 내지 않게 됩니다. 이것을 '흑색왜성'이라 합니다. 어두운 색이라 캄캄한 우주에서 좀처럼 눈에 띄지 않죠. 흑색왜성이 태양의 마지막 모습입니다.

결국 100억 년 뒤 '내일 아침에 태양이 떠오른다'라는 말은 참 애매해질 겁니다. 태양이 있긴 하겠지만 우리가 알던 태양이 아니고, '떠오른다'의 기준점이 될 지구가 없으니까요.

태양 　적색거성 　행성상 성운 　백색왜성 　흑색왜성

태양의 예상 변화

전 재산을 걸 인류가 언제까지 이어질지도 의문이고요. 인류가 아주 현명하게 처신해 파멸의 길에 들어서지 않는다면, 발달한 과학 기술로 우주 제국을 건설해 적색거성이 된 태양을 피할 수 있을지도 모르겠습니다. 태양의 숨통을 끊는 화살은 외부에서 날아오는 것이 아니라 태양 내부에서 만들어지고 있었습니다. 우리를 위협하고 위기에 빠뜨리는 것은 사실 타인이 아니라 나의 내면에 있다는 말이 떠오르네요.

태양에 수소와 헬륨이 있는지
어떻게 아나요?

태양은 너무 멀고 무척 뜨거워서 가까이 갈 수조차 없는데, 어떻게 태양의 성분을 알 수 있을까요? 앞에서 원자는 층이 다른 전자 껍질을 가진다고 한 말 기억나나요? 껍질의 안쪽부터 전자가 채워진다고 했죠? 일반적인 상황일 때는 그래요. 그런데 그것은 고정된 것이 아니에요.

원자가 에너지를 받으면 전자가 더 바깥에 있는 껍질로 이동해 버리기도 합니다. 더 넓은 영역으로 점프해 버리는 거죠. 이것을 '들뜬 상태'라고 합니다. 이 들뜬 상태에서 다시 본래 있던 자리로 돌아갈 때 전자는 밖으로 빛을 내보냅니다. 이 빛에는 여러 가지 색의 빛이 섞여 있습니다. 이 빛을 프리즘에 통과시키면, 여러 색으로 갈라져 나와요.

수소 기체에서 나오는 빛을 프리즘에 통과시키면, 선홍색 띠 하나와 청록색 띠 하나, 옅은 자주색 띠 몇 개가 나타납니다. 헬륨 기체에서는 화려한 노란색 띠를 볼 수 있고요. 이렇게 태양 빛의 색깔 띠를 분석함으로써 태양에 가까이 가지 않고도 수소와 헬륨이 있다는 것을 알 수 있는 거예요.

헬륨은 이름부터 태양과 관련이 있어요. 아폴론 이전에 태양신이었던 헬리오스에서 유래했거든요. 1868년 프랑스의 천문학자 피에르 장센이 태양에서 그 존재를 발견하고 헬륨이라 명명했지요.

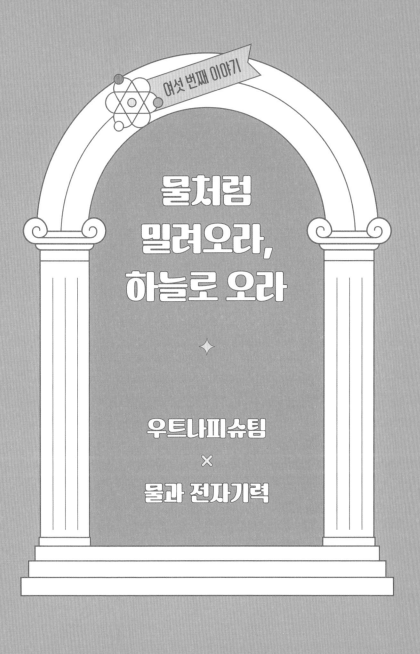

여섯 번째 이야기

물처럼
밀려오라,
하늘로 오라

◆

우트나피슈팀
×
물과 전자기력

신들은 인간에게 화가 잔뜩 났다. 인간들이 하도 떠들어서 잠을 제대로 잘 수 없었기 때문이다. 신들의 실권자 엔릴이 대홍수를 일으켜 세상을 싹 쓸어버리고 편안히 푹 자자고 제안했다. 그러나 그 결정이 내키지 않았던 지혜의 신 에아는 덕이 많고 현명한 우트나피슈팀에게 앞날의 재앙을 꿈으로 경고하였다. 에아는 그에게 집을 헐어 모든 생명의 씨앗을 실을 수 있는 큰 방주를 만드는 방법을 알려 주었다.

우트나피슈팀은 방주를 만들고는 온갖 종류의 짐승을 수컷과 암컷으로 짝지어 태웠다. 가능한 한 모든 씨앗도 실었다. 6일이 지나도록 밤낮으로 비가 내렸고, 대홍수와 폭풍이 대지를 휩쓸었다. 배에 타지 못한 사람은 모두 진흙 상태로 되돌아갔다.

7일째가 되었을 때 폭풍우가 가라앉고 날이 개었다. 우트나피슈팀은 물이 얼마나 빠졌는지 알아보기 위해 비둘기를 날려 보냈다. 비둘기는 곧 되돌아왔다. 제비를 보냈지만 마찬가지였다. 그런데 까마귀는 되돌아오지 않았다. 물이 빠진 뭍을 찾은 것이다.

나중에 엔릴은 우트나피슈팀이 살아남았다는 것을 알고 분노했다. 에아는 인류를 말살해서는 안 된다고 엔릴을 설득하였다. 엔릴은 인간이 모두 없어지면 신들도 굶어야 함을 깨닫고는, 우트나피슈팀 부부에게 영생을 내려 축복해 주었다.

너도 비 왔냐? 나도 비 왔다

우트나피슈팀 이야기는 왠지 잘 아는 이야기 같지 않나요? 우리가 잘 아는 노아의 방주* 이야기와 매우 비슷하죠? 이야기의 구조와 세부 내용까지 흡사해요. 이 이야기는 『길가메시 서사시』의 일부입니다. 『길가메시 서사시』는 약 4,000년 전메소포타미아에서 번성했던 고대 바빌로니아의 신화입니다. 길가메시는 도시국가 우루크의 왕으로, 아버지는 인간, 어머니는 신인 반신반인입니다. 길가메시는 총명할 뿐만 아니라엄청난 힘을 소유해 신조차 대수롭지 않게 여겼어요. 길가메시 때문에 권위를 위협받는다고 느낀 신들은 회의를 해 신의피가 섞인 길가메시 대신 그의 친구 엔키두를 죽이기로 합니다. 신들이 참 냉혹하네요.

길가메시는 코에서 벌레가 나올 때까지 엔키두의 주검을 곁에 두며 슬퍼했습니다. 절친한 친구의 죽음을 곁에서 지켜본 길가메시는 죽음의 공포를 느꼈어요. 길가메시 또한 인간의 피가 섞여 있기에 영원히 살 수는 없었기 때문이에요. 그래서 그는 우트나피슈팀을 찾아갑니다. 우트나피슈팀은 영원한 생명을 지녔다고 알려졌기에 그에게 불사의 비법을 묻기 위해서였어요. 우트나피슈팀은 길가메시에게 자신이 어떻게 영생을 얻게 되었는지를 들려줍니다. 바로 이 대홍수 이야기죠. 우트나피슈팀 이야기는 노아의 방주 이야기보다 훨씬 오래되었기에, 노아의 방주 이야기에 많은 영향을 주었을 거라 봅니다.

이 같은 대홍수 설화는 세계 각지에 널리 퍼져 있습니다. 우리나라의 대홍수 설화로는 목도령 이야기가 있는데, 그 이야기는 이렇습니다.

한 선녀가 땅에 내려와 계수나무의 정기에 감응해 아들을 낳았어요. 나무에게서 얻은 아이라 '목木도령'이라 불렸지요. 큰비가 내려 세상이 물에 잠겼고, 아버지인 계수나무가 목도령을 싣고 떠내려가고 있었어요. 그때 목도령은 물에 휩쓸

★ 방주는 배 중에서도 특히 네모반듯한 모양으로 만든 배를 말해요.

린 개미 떼와 모기떼를 만나 구해 주었어요. 그런데 한 소년을 만나 목도령이 또다시 구해 주려 했을 때는 계수나무가 반대했어요. 하지만 목도령은 소년을 불쌍히 여겨 구해 주었죠.

목도령 일행은 한 노파가 딸과 여종을 데리고 살고 있는 높은 산꼭대기에 도착했어요. 목도령과 소년 모두 노파의 딸과 결혼하기를 바랐어요. 소년은 자신이 노파의 딸과 결혼하기 위해 목도령을 모함하고, 소년의 모함을 들은 노파는 목도령의 능력을 의심하게 되었어요. 그래서 모래밭에서 곡식을 가려낼 수 있는지를 시험했죠. 이때 물에서 건져 준 개미 떼가 나타나 곡식만을 골라내 주었습니다. 노파는 방에 여자들을 숨기고 딸을 찾는 과제도 냈습니다. 이번에는 모기떼가 나타나 딸이 있는 곳을 알려 주었어요. 결국 시험을 다 통과한 목도령은 딸과 결혼하고, 소년은 여종과 결혼하게 되었어요. 대홍수로 모든 인류가 사라졌는데, 이 두 쌍이 인류의 새로운 시조가 되었다는 이야기예요.

아빠가 나무라니! 그러나 그 덕분에 아들은 대홍수 속에서도 살아남습니다. 목도령 이야기에서는 목도령이 아버지인 계수나무 위에 올라탄 설정이 독특해 보입니다. 대홍수 후 거의 모든 사람이 죽고 이때 살아남은 사람이 새로이 인류의 시조가 된다는 설정은 비슷하네요. 이 같은 대홍수 이야기가 우리나라에도 있어서 더 흥미롭습니다.

알면 사랑하게 되고, 사랑하면 보인다

이렇게 관련 있는 이야기를 함께 읽는 것도 재미난 일인데, 이야기에 나오는 소재를 과학적으로 풀어 보면 또 다른 재미를 느낄 수 있습니다. 이 이야기들에서 끌어내 다루고 싶은 주제는 물입니다. 수분은 공기 중에 많이 퍼져 있는데, 왜 이들은 모여서 비가 될까요? 우트나피슈팀이 배 위에서 본 바다는 파란색인데, 손바닥으로 그 물을 퍼 올리면 물은 왜 파랗지 않고 투명한 걸까요? 목도령은 계수나무 위에 올라타야 물에 뜰 수 있는데, 소금쟁이는 어떻게 손쉽게 물 위를 떠다닐까요?

이처럼 물은 궁금증을 많이 유발하는 신비한 물질입니다. 너무 흔하지만 과학의 렌즈를 서지고 나면 그 아름다움을 더 잘 볼 수 있어요. 조선 시대 문인인 유한준은 "알게 되면 진정으로 사랑하게 되고, 사랑하면 진정으로 보게 되며, 볼 줄 알게 되면 쌓게 되니, 이것은 단순히 쌓기만 하는 것과는 다르다"라는 글을 남겼습니다. 세계에 관해 알게 될수록 세계를 더 사랑하고 그 경이로움을 진정으로 볼 수 있지 않을까요?

너와 나 손잡아 빗방울

요즘 기후 이변으로 세계 곳곳에 폭우가 쏟아지곤 합니다. 정말로 대홍수 이야기와 같은 무서운 일이 일어날까 걱정도 됩니다. 그런데 비는 어떻게 내리는 걸까요? 하늘에 큰 물주머니가 있는 것도 아닌데, 그 많은 물은 어디에 담겨 있을까요?

습도를 보면 알겠지만 지금 우리를 둘러싸고 있는 공기에는 눈에 보이지 않는 수분이 꽤 많이 있습니다. 공기 속에는 무수히 많은 물 분자가 엄청나게 빠른 속도로 왔다 갔다 하는 중입니다. 여름에 유리컵에 주스를 따르면 컵 옆에 물방울이 많이 맺히잖아요? 컵 주변 공기 속에 있던 물 분자가 컵의 찬 기운 때문에 움직임이 약해지면서 다른 물 분자와 합쳐져 물방울로 맺힌 겁니다.

이렇게 공기에는 언제든 물방울이 될 준비가 된 수분이 들어 있습니다. 구름은 그런 물 분자를 특히 많이 가지고 있기에 투명하지 않고 흰빛이나 잿빛으로 보일 정도입니다. 그 많은 물 분자는 범퍼카를 타고 부딪히며 놀듯이 활발하게 움직이다가 찬 공기를 만나면 곧 둔해집니다. 물 분자끼리는 사이가 좋아서 움직임이 약해진 물 분자는 서로를 끌어당기고 물방울은 조금 더 커집니다. 물방울은 커질수록 끌어당기는 힘이 더 강해져 점점 더 큰 물방울이 됩니다. 물방울이 어느 정도 커지면 중력의 작용 때문에 더는 공기 중에 떠 있지 못하고 아래로 떨어지는데, 이것이 빗방울입니다.

미키마우스 귀의 나비 효과

물 분자들은 서로를 끌어당기는 성질이 있습니다. 그런데 도대체 왜 그런 성질이 있는 걸까요? 원래 그런 것 아니냐고요? 자연에서 당연한 것이란 없습니다. '당연한 것'에는 모두 그럴 만한 이유가 있습니다. 그 이유를 밝혀 주는 도구가 과학입니다. 아시다시피 물 분자는 산소 원자 1개와 수소 원자 2개가 결합해 만들어집니다. 73쪽의 물 분자 모형을 참고하세요. 물 분자 모형의 특이한 점은 2개의 수소가 십자가의 가로선처럼 일지선이 아니라 미키마우스의 귀처럼 비스듬하게 결합해 있다는 거예요. 다음 그림을 보면 수소 원자 2개가 미키마우스 귀처럼 붙어 있죠? 별 차이 없을 듯한 이 구조가 물의 여러 독특한 성질을 만들어 냅니다.

원자에는 원자핵이 있고, 그 핵에는 양성자가 있으며, 양성자에는 주변에 있는 전자를 끌어당기는 전기적 힘이 있습니다. 앞에서 설명한 내용입니다. 이처럼 전기를 띤 입자들이 서

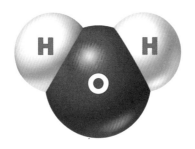

미키마우스 모양을 한 물 분자

로 당기거나 밀어내는 것과 같은 상호 작용을 하는 힘을 '전자
기력'이라 합니다.

양성자의 수가 많을 때 양성자가 전자를 당기는 힘은 어
떨까요? 당연히 더 셉니다. 산소의 원자 번호가 8번이니 산소
에는 8개의 양성자가 있고, 수소는 원자 번호가 1번이니 1개의
양성자가 있습니다. 즉 양성자가 더 많은 산소의 원자핵이 전
자를 당기는 힘이 수소보다 강합니다. 그래서 산소와 수소가
공유하는 전자는 산소 쪽으로 끌려가 산소 가까이에서 많이
돌아다니게 됩니다. 산소의 전자 수가 더 많아진 듯한 모습이
나타나지요. 그 결과로 수소의 반대편, 즉 미키마우스 턱 쪽은
약한 음전하를 띠게 되고, 미키마우스 귀 쪽은 수소가 전자를
잃은 듯한 효과가 나타나서 약한 양전하를 띠게 됩니다.

그러면 어떤 일이 일어날까요? 물 분자 사이에 전자기력이 작용해 서로를 끌어당기려 합니다. 즉 물 분자의 미키마우스 턱은 귀와, 귀는 턱과 서로 가까이 다가가 붙으려 하기에 약한 **점성***을 띠게 됩니다. 서로 달라붙으려 하는 이 힘 때문에 물 분자는 함께 다니려 하지요. 수도꼭지를 살짝 틀면 물이 모래알처럼 떨어지지 않고 하나의 몸처럼 줄지어 붙어 물줄기로 떨어지는 현상도 마찬가지입니다.

바닥에 쏟은 물에 휴지를 가져다 대면 물이 쭉 빨려 오는 이유는 먼저 빨려 들어간 물 분자가 다음 물 분자를 끌어당기기 때문입니다. 친구 따라 강남 가듯 동료 따라 끝까지 가는 물이네요. 우정이 멋집니다. 나무가 물을 잎까지 올려 보낼 수 있는 것도, 물에 소금이 잘 녹는 것도 이 미키마우스 귀와 턱의 결합과 관련이 있습니다. 미키마우스 모양의 분자 구조가 일으킨 엄청난 **나비 효과****라고 할 수 있겠네요.

요모조모
_____

★ 점성은 끈적한 성질을 말합니다. 액체나 기체 안에서 서로 접촉하고 있는 두 층이 떨어지지 않으려는 성질이에요. 물보다 꿀이 더 끈적한 것은 꿀의 점성이 더 크기 때문입니다.

★★ 나비 효과는 나비의 날갯짓처럼 어느 한 곳에서 일어난 작고 사소한 일이 예상하지 못한 커다란 일을 일으킬 수 있다는 이론을 말해요. 미국의 기상학자 에드워드 로렌츠가 처음 사용한 용어로, 초기 조건의 미세한 변화가 전체에 막대한 영향을 미칠 수 있음을 뜻합니다.

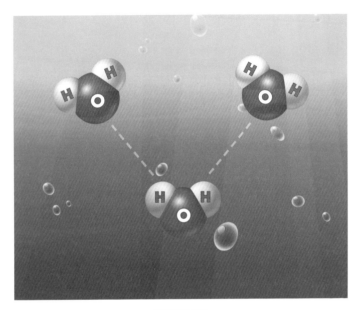

물 분자의 결합

흐르는 물을 보며 무수한 분자들이 귀와 턱을 맞대고 붙어 있는 모습을 상상하면 재밌기도 하고, 신기하기도 합니다. 자연은 이처럼 신비롭고 아름다워요.

수상비의 달인, 소금쟁이

목도령은 아빠인 계수나무 위에 올라타 대홍수 속에서 목숨을 지켜 냅니다. 그런데 나무는 왜 물에 뜰까요? 물보다 비중이 낮기 때문입니다. 섭씨 4도에서 물의 비중은 세제곱미터당 1킬로그램($1kg/m^3$)입니다. 이를 기준으로 같은 부피에서 물보다 무거우면 비중이 크다고 하고, 가벼우면 비중이 작다고 합니다. 달리 말하면 나무와 나무 부피의 물은 서로 경쟁한다고 보면 됩니다. 중력의 작용으로 둘 모두 지구의 중심을 향해 당겨지는데, 중력은 질량과 비례하므로 무거울수록 당겨지는 힘이 큽니다.

　나무가 물보다 훨씬 무겁다면 중력이 나무를 물의 바닥

　★　비중은 부피가 같은 어떤 물질의 질량과 표준 물질의 질량 사이에 나타나는 비율을 말해요. 고체나 액체의 경우 섭씨 4도의 물을 기준으로 삼아요.

물 위에 떠 있는 소금쟁이

까지 당기겠지요. 물이 나무보다 무겁다면 물을 바짝 당겨서, 나무가 물 위로 뜨게 되고요. 만약 나무의 속이 쇳덩이로 채워져 있다면, 물보다 훨씬 무거우니 중력이 커져 바닥에 가라앉습니다. 그러나 실제 대부분의 나무는 같은 부피의 물보다 가볍기에 목도령, 소년, 개미, 모기를 태우고도 물에 뜰 수 있습니다.

소금쟁이가 물 위에 뜨는 것도 같은 원리입니다. 같은 부피의 물보다 소금쟁이가 가볍기 때문이죠. 그런데 물에 뜨는 나무도 몸체 대부분은 물에 잠기잖아요? 소금쟁이가 가볍다고 해도 배가 물에 닿고 다리가 제법 물에 잠길 텐데, 어떻게 물 위를 재빠르게 이동할 수 있는 걸까요? 무릎 정도까지만 오는 개울에서 걸을 때도 힘든데 말이에요.

무협 소설에서는 경공술의 최고 경지로 '수상비水上飛'라는 것을 꼽습니다. 수상비는 물에 가라앉지 않고 물 위를 날 듯이 뛰는 기술을 말하죠. 소금쟁이는 이 수상비의 달인인 겁니다. 물 위를 가볍게 걷는, 이 불가능해 보이는 일은 물의 특성과 소금쟁이의 특별한 신체 구조 덕분에 가능합니다.

풀잎에 맺힌 이슬의 모습

찐빵 같은 물의 표면장력

풀잎에 맺힌 이슬이 참 아름답지 않나요? 둥근 물방울이 옹기종기 앉아 도란도란 이야기를 주고받는 것 같아 귀엽습니다. 그런데 중력의 작용으로 이슬이 수평을 이루기 위해서는 풀잎 표면에 납작 달라붙어야 할 것 같은데, 그렇지 않습니다. 풀잎 위의 물방울은 잘 부풀어 오른 찐빵 모양입니다. 몇 개의 물방울이 만나면 조금 더 넓적해지면서 끝부분이 동그랗게 말려, 부풀어 오른 침대보 같은 모습이 됩니다.

그러고 보니 컵에 물을 넘치기 직전까지 따를 때 바로 컵 밖으로 흘러내리지 않는 모습도 볼 수 있습니다. 뚝배기 위까지 부푼 계란찜처럼 컵 위로 더 부풀어 오르는 거죠. 이것은 표면장력 때문에 일어나는 현상입니다. '표면장력'은 액체의 표면이 스스로 수축해 가능한 한 작은 면적을 취하려는 힘을 말합니다. 물에는 왜 표면장력이 나타날까요?

이 또한 물 분자의 미키마우스 귀와 관련이 있습니다. 한 물 분자의 수소와 다른 물 분자의 산소는 서로 끌어당기는 힘이 있다고 했죠? 전자기력이 작용하는 거예요. 그래서 물 분자들은 서로 당겨서 뭉치려 해요. 이렇게 약한 양전하를 띠는 한 분자의 수소가 음전하를 띤 다른 분자의 전자와 인력으로 연결되는 결합을 '수소결합'이라고 합니다. 그런데 표면의 물은 상황이 조금 다릅니다. 표면 위 공기가 있는 쪽에서 당길 물 분자가 없거든요. 그래서 물 쪽으로 더 끌려가 수축합니다. '표면장력'이라는 이름도 표면을 당기는 힘이라는 뜻입니다.

표면에 있는 물 분자는 옆과 아래에는 당겨 주는 이웃 분자들이 있지만 위에는 당겨 주는 분자가 없습니다. 그래서 표면적을 가능한 한 작게 하려는 형태를 띕니다. 표면 가장자리의 물 분자들은 어떤 상황일까요? 이들은 표면 위에서도, 물 분자가 없는 옆에서도 당기지 않습니다. 물 안쪽에서 당기는

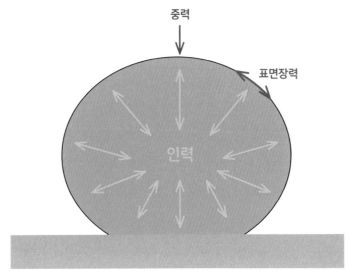

물의 표면장력

힘이 대부분을 차지하죠. 그렇기에 물은 부풀어 오른 침대보처럼 전체적으로 둥그스름하며 끝부분이 더 동그랗게 말려 버립니다. 물이 찐빵 같은 모양이 되는 것도, 컵보다 조금 더 위까지 부풀어 오를 수 있는 것도 다 안쪽 물이 표면의 물을 당기고 있기 때문입니다.

수소결합은 그 결합력이 제법 강한 편에 속하기에 물의 표면장력은 액체 중에서도 강합니다. 우리처럼 큰 생물이 물에서 수영할 때는 이 표면장력의 영향이 미미합니다. 그러나 소금쟁이처럼 가벼운 생명체에게는 표면장력의 영향이 커서 물 위를 걸을 수 있습니다. 물 표면이 물 안쪽으로 바짝 당겨져 수축하기에, 표면에 있는 다른 사물이 밀려나는 거죠. 미키 마우스 귀의 나비 효과는 계속되고 있답니다.

또 소금쟁이의 발목마디에는 잔털이 많은데, 털 사이사이에 미세한 공간이 많아 그 공기가 몸을 떠받치는 역할을 합니다. 게다가 다리의 잔털에는 기름 성분이 묻어 있어 물과의 반발 작용을 일으켜 물을 밀어냅니다. 이처럼 물은 표면장력이 강하고, 소금쟁이는 그 물 표면을 활보하기 좋게 진화했기에 수상비를 펼칠 수 있게 된 겁니다.

바다는 파랗지 않다?

우트나피슈팀은 폭우가 끝난 후 파란색에 둘러싸였습니다. 하늘도 파랑, 바닷물도 파랑이니까요. 그런데 두 손을 모아 물을 뜨면 전혀 파랗지 않은데, 왜 바다나 깊은 물은 파랗게 보일까요?

우리가 대상을 본다는 것은 그것으로부터 오는 빛을 보는 것입니다. 태양에서부터 날아온 빛에는 여러 **전자기파**[*]가 섞여 있습니다. 적외선, 가시광선, 자외선, 엑스선 등이 그것인데, 이들은 파장의 길이가 다릅니다. 이 중 가시광선은 가능할 가可, 볼 시視라는 한자를 쓰듯이, 사람의 눈으로 '보는 것이 가능한' 빛입니다. 대략 380~780나노미터[**] 범위의 파장을 가집니다.

요모조모

[*] 전자기파는 공간에서 전기장과 자기장이 주기적으로 변화하면서 전달되는 파동을 말해요. 1864년에 제임스 클러크 맥스웰이 이론적으로 발견했습니다. 우리가 '빛'이라 말하는 가시광선은 전자기파의 한 종류예요. 파장이 긴 순으로 마이크로파, 적외선, 가시광선, 자외선, 엑스선 등이 있습니다.

[**] 나노미터는 빛의 파장과 같이 짧은 길이를 나타내는 단위예요. 1나노미터는 100만분의 1밀리미터(10억분의 1미터)입니다. nm를 기호로 씁니다.

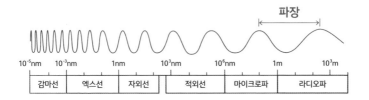

| 감마선 | 엑스선 | 자외선 | 적외선 | 마이크로파 | 라디오파 |

가시광선

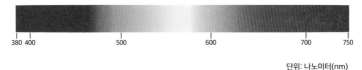

단위: 나노미터(nm)

전자기파 스펙트럼

사람은 가시광선의 파장 길이에 따라 색을 다르게 인지합니다. 프리즘을 통과한 빛은 무지개색을 띠죠? 가시광선에 그런 무지개색이 다 들어 있기 때문이에요. 여러 색의 빛이 다 섞여서 투명하게 보이지만요. 보통 우리는 470나노미터 정도의 파장을 파란색, 660나노미터 정도의 파장을 빨간색으로 인지합니다. 그러므로 우리가 보는 사과의 색은 가시광선이 사과에 부딪힌 후 튕겨져 나온 660나노미터 정도의 파장이 우리 눈을 거쳐 뇌에서 빨간색으로 인식한 결과입니다. 그러면 빨간빛 파장 말고 다른 파장은 어디로 사라졌을까요? 그것은 사과가 흡수했습니다. 즉 사물이 저마다 다른 색을 띠는 이유는 특정한 파장의 빛을 선택적으로 흡수하고, 흡수하지 않는 빛을 반사하기 때문입니다. 그래서 우리 눈에 장미는 붉게 타오르고, 잎들은 초록의 물결을 이루는 거죠.

하늘에는 작은 먼지와 수증기가 여기저기 흩어져 있어요. 가시광선은 파장이 길면 이것 옆으로 돌아갑니다. 반대로 파장이 짧으면 먼지와 수증기를 피하지 못하고 충돌해 사방으로 퍼져요. 즉 긴 파장의 붉은빛은 지상으로 내려오고, 짧은 파장의 파란빛은 흩어져 하늘을 파랗게 물들입니다. 그래서 우리는 파란 하늘을 봅니다.

바닷물이 파란 이유도 이와 관련이 있습니다. 대부분의 가시광선이 해수면으로부터 20여 미터 깊이로는 더 들어가지 못하고, 모두 흡수되어 버립니다. 그러나 파란빛은 30미터 깊이까지 들어갑니다. 물속에서 물 분자와 부딪히며 흩어지는 파란빛을 보고 우리는 바다가 푸르다고 생각하는 거예요. 이제 바닷물을 두 손 모아 떴을 때 왜 투명하게 보이는지 짐작되나요? 파란빛이 아닌 빛들은 해수면에 닿자마자 흡수되는 것이 아니라 어느 정도 깊이까지는 들어갑니다. 이 과정에서 점점 흡수되는 거죠. 손안의 물은 그 빛들을 흡수할 만큼 깊지 않기에, 빛들이 다 통과해 버려서 우리 눈에는 투명하게 보이는 겁니다.

우리의 뇌는 시신경에 도달한 빛을 파장 길이에 따라 특정한 색깔로 인식합니다. 빛과 사물이 본질적으로 그 색을 지닌 건 아니라는 말입니다. 사과에서 반사된 파장의 빛을 우리 뇌가 다른 무엇도 아닌 '빨간색'으로 인식했기에 그렇게 보는 거죠. 외계의 생명체가 지구에 와서 사과를 본다면, 전혀 다른 색 또는 색이 아닌 디지털 기호로 인식할지도 몰라요. 그렇다면 빨간 사과는 빨갛지 않고, 노란 해바라기는 노랗지 않다는 말도 성립할 수 있어요. 빨강과 노랑은 단지 파장 길이가 다른 빛일 뿐이며, 그 빛을 개별 생물이 제각각 다르게 받아들일 테니까요. '우리는 대상을 어떻게 인식하는가', '세계를 객관적으로 인식할 수 있는가' 등의 주제로 이야기를 나눠 볼 수도 있겠네요.

소금은 왜 기름에 잘 안 녹을까요?

물은 극성 분자들로 이루어져 있습니다. 화학 결합 시 전자들이 한쪽 원자로 기울어 분포된 것을 극성이라고 합니다. 물의 경우, 산소와 수소가 공유하는 전자가 수소보다 산소의 원자핵 가까이에 있을 때가 많아요. 산소가 전자를 끌어당기는 힘이 수소보다 강하기 때문입니다. 공유된 전자들이 산소 쪽으로 더 끌려갔기에 산소는 전자가 많아지고, 수소는 전자가 적어진 것과 같은 효과가 나타납니다. 그래서 물 분자의 산소는 약한 음전하, 수소는 약한 양전하를 띠게 됩니다.

소금이 물에 잘 녹는 이유는 이와 관련이 있습니다. 소금은 나트륨 이온(Na)과 염소 이온(Cl)이 결합해 만들어집니다. 이 염화나트륨(NaCl)이 물에 들어가면, 전자기력의 작용으로 나트륨 이온은 산소와, 염소 이온은 수소와 서로 끌어당깁니다. 그러면 결합이 풀리면서 소금 결정은 사라지고, 나트륨과 염소는 물 분자 사이사이로 섞여 들게 됩니다. 그런데 기름은 무극성 물질입니다. 즉 나트륨과 염소의 결합을 끊어서 자기 분자로 가까이 당길 힘이 부족해요. 그래서 삼겹살을 찍어 먹으려고 만든 기름장에 담긴 소금은 그 결정이 유지되기에 잘 녹지 않는답니다.

그렇다면 얼음이 물에 뜨는 이유는 뭘까요? 대부분의 물질은 액체 상태에서 온도가 낮아지면 비중이 점점 커집니다. 그래서 고체 상태의 비중은 대부분 액체 상태일 때보다 더 큽니다. 그에 반해 물은 다른 양상을 띕니다. 물도 섭씨 4도까지는 온도가 내려가면 다른 물질처럼 비중이 커집니다. 그런데 이상하게도 섭씨 4도 이하가 되면 온도가 내려갈수록 오히려 비중이 작아지기 시작합니다. 섭씨 4도일 때 1이던 비중이 0도일 때는 0.917이 됩니다. 따라서 0도의 얼음은 0도보다 높은 온도인 주변의 물보다 비중이 작기 때문에 물 위에 떠 있답니다.

참고 자료

첫 번째 이야기

조진호, 『에볼루션 익스프레스』, 위즈덤하우스, 2021.

이윤기, 『이윤기의 그리스 로마 신화』, 웅진지식하우스, 2020.

토마스 볼핀치, 『그리스 로마 신화』, 박경미 옮김, 혜원출판사, 2011.

유시주, 『거꾸로 읽는 그리스 로마 신화』, 푸른나무, 2009.

장대익, 『다윈의 식탁』, 바다출판사, 2015.

찰스 다윈, 『종의 기원』, 장대익 옮김, 사이언스북스, 2019.

두 번째 이야기

일연, 『삼국유사』, 이민수 옮김, 을유문화사, 2013.

이운근, 『고전이 왜 그럴 과학』 다른, 2023.

리처드 도킨스·옌 웡, 『조상 이야기』, 이한음 옮김, 까치, 2018.

세 번째 이야기

리언 레더먼·딕 테레시, 『신의 입자』, 박병철 옮김, 휴머니스트, 2017.

샘 킨, 『사라진 스푼』, 이충호 옮김, 해나무, 2011.

에릭 세리, 『주기율표』, 김명남 옮김, 교유서가, 2019.

요시다 다카요시, 『주기율표에서 세상을 읽다』, 박현미 옮김, 해나무, 2017.

피터 앳킨스, 『원소의 왕국』, 김동광 옮김, 사이언스북스, 2005.

나탈리 앤지어, 『원더풀 사이언스』, 김소정 옮김, 지호, 2010.

김상욱, 『떨림과 울림』, 동아시아, 2018.

유시민, 『유시민의 경제학 카페』, 돌베개, 2002.

유발 하라리, 『사피엔스』, 조현욱 옮김, 김영사, 2020.

토마스 볼핀치, 『그리스 로마 신화』, 박경미 옮김, 혜원출판사, 2011.

최무영, 『최무영 교수의 물리학 강의』, 책갈피, 2019.

네 번째 이야기

샘 킨, 『바이올리니스트의 엄지』, 이충호 옮김, 해나무, 2014.

스티븐 핑커, 『언어 본능』, 김한영 옮김, 동녘사이언스, 2008.

스티븐 핑커·제프리 밀러 외, 『마음의 과학』, 이한음 옮김, 와이즈베리, 2012.

프란스 드 발, 『침팬지 폴리틱스』, 장대익 옮김, 바다출판사, 2018.

제인 구달, 『인간의 그늘에서』, 최재천 옮김, 사이언스북스, 2001

리처드 도킨스, 『눈먼 시계공』, 이용철 옮김, 사이언스북스, 2004.

장자, 『장자』 허세욱 옮김, 범우사, 2003.

리처드 도킨스, 『리처드 도킨스의 진화론 강의』, 김정은 옮김, 옥당, 2016.

헬렌 체르스키, 『찻잔 속 물리학』, 하인해 옮김, 북라이프, 2018.

이운근, 『고전이 왜 그럴 과학』, 다른, 2023.

다섯 번째 이야기

칼 세이건, 『코스모스』, 홍승수 옮김, 사이언스북스, 2006.

샘 킨, 『카이사르의 마지막 숨』, 이충호 옮김, 해나무, 2021.

이운근, 『과학 인터뷰, 그분이 알고 싶다』, 다른, 2022.

이인식, 『처음 읽는 세계 신화 여행』, 다산사이언스, 2021.

여섯 번째 이야기

최해탁, 『최해탁 박사의 현대인의 과학 이해』, 파랑새미디어, 2016.

이기영, 『어디서나 무엇이든 물리학』, 창비, 2018.

나탈리 앤지어, 『원더풀 사이언스』, 김소정 옮김, 지호, 2010.

헬렌 체르스키, 『찻잔 속 물리학』, 하인해 옮김, 북라이프, 2018.

리처드 파인만, 『파인만의 여섯 가지 물리 이야기』, 박병철 옮김, 승산, 2003.

리처드 도킨스, 『현실, 그 가슴 뛰는 마법』, 김명남 옮김, 김영사, 2012.

김웅서, 『플랑크톤도 궁금해하는 바다 상식』, 지성사, 2016.

이인식, 『처음 읽는 세계 신화 여행』, 다산사이언스, 2021.

이미지 출처

43쪽 ⓒ한국학중앙연구원; 공공누리

83쪽 ⓒScience and Technology Facilities Council; Flickr

다른 인스타그램

뉴스레터 구독

신화가 왜 그럴 과학
천지창조 이래 가장 신묘한 과학책

초판 1쇄   2024년 11월 23일

지은이   이운근

펴낸이   김한청
기획편집   원경은 차언조 양선화 양희우 유자영
마케팅   정원식 이진범
디자인   이성아 김현주
운영   설채린

펴낸곳 도서출판 다른
출판등록 2004년 9월 2일 제2013-000194호
주소 서울시 마포구 동교로 27길 3-10 희경빌딩 4층
전화 02-3143-6478   **팩스** 02-3143-6479   **이메일** khc15968@hanmail.net
블로그 blog.naver.com/darun_pub   **인스타그램** @darunpublishers

ISBN 979-11-5633-656-3 43400

 다른 생각이
다른 세상을 만듭니다